Python
神经网络编程

[英] 塔里克 · 拉希德（Tariq Rashid）著　林赐 译

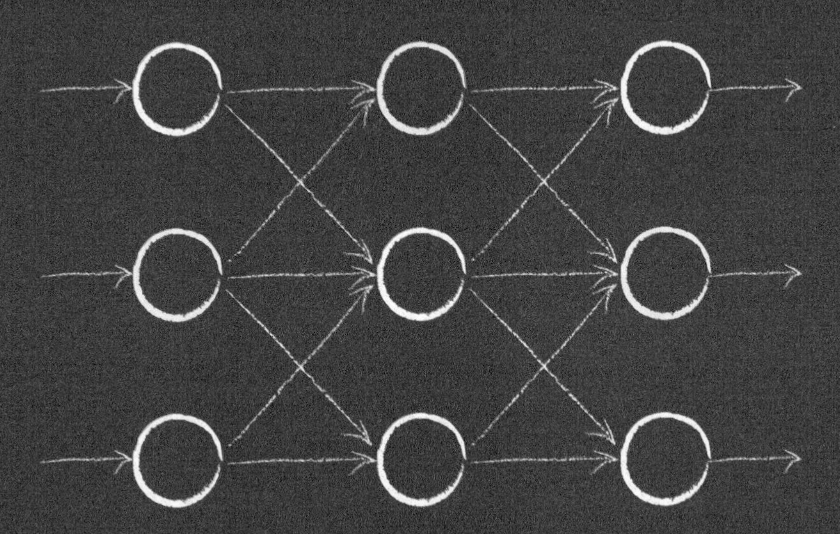

人 民 邮 电 出 版 社
北 京

图书在版编目（C I P）数据

Python神经网络编程 / (英) 塔里克•拉希德
(Tariq Rashid) 著 ; 林赐译. -- 北京 : 人民邮电出版
社, 2018.4
ISBN 978-7-115-47481-0

Ⅰ. ①P… Ⅱ. ①塔… ②林… Ⅲ. ①人工神经网络－
软件工具－程序设计 Ⅳ. ①TP183

中国版本图书馆CIP数据核字(2018)第005732号

版权声明

◆ 著　　[英] 塔里克•拉希德（Tariq Rashid）
译　　林　赐
责任编辑　陈冀康
责任印制　焦志炜
◆ 人民邮电出版社出版发行　　北京市丰台区成寿寺路 11 号
邮编　100164　　电子邮件　315@ptpress.com.cn
网址　http://www.ptpress.com.cn
北京九州迅驰传媒文化有限公司印刷
◆ 开本：720×960　1/16
印张：13.25　　2018 年 4 月第 1 版
字数：222 千字　　2025 年 1 月北京第 39 次印刷
著作权合同登记号　图字：01-2017-0988 号

定价：79.80 元

读者服务热线：(010) 81055410　印装质量热线：(010) 81055316
反盗版热线：(010) 81055315
广告经营许可证：京东市监广登字 20170147 号

内容提要

神经网络是一种模拟人脑的神经网络，以期能够实现类人工智能的机器学习技术。

本书揭示神经网络背后的概念，并介绍如何通过Python实现神经网络。全书分为3章和两个附录。第1章介绍了神经网络中所用到的数学思想。第2章介绍使用Python实现神经网络，识别手写数字，并测试神经网络的性能。第3章带领读者进一步了解简单的神经网络，观察已受训练的神经网络内部，尝试进一步改善神经网络的性能，并加深对相关知识的理解。附录分别介绍了所需的微积分知识和树莓派知识。

本书适合想要从事神经网络研究和探索的读者学习参考，也适合对人工智能、机器学习和深度学习等相关领域感兴趣的读者阅读。

译者序

渥太华的八月，不像中国的南方那么炎热，甚至有丝丝凉意。每到下午时分，如果没有下雨，工作了一天，有些倦怠的我一般会沿着里多运河（世界文化遗产），朝着国会山的方向慢慢跑去。从出租屋到里多运河，不到10分钟的路程。来到运河前，生命就像翻开了一页流畅缠绵的琴谱，一群白鸽在空阔悠远的蓝天下舞蹈，偶尔，还可以听到为数不多的几只夏蝉在悠久的运河边轻轻吟唱，不是那么刺目的阳光随意地拨动闪着灵光的水面，凭栏远眺，里多运河就像一位饱经风霜的老人，向周围的人们娓娓诉说着它的前世今生……

日子就这样一天一天重复着，连续数月，我完成了此书的翻译。人工智能、神经网络、机器学习……一个一个富有现代电子气息的词汇，一次又一次给我的大脑带来新的感受，也给我带来了对人生的新理解，但是，越是如此，我就越想回到历史寻找答案，希望在历史的废墟中，能找到只言片语，解开我心中的疑惑。

多年来，普通人（包括我在内）对人工智能有一个误区，即人工智能只不过是用更高级、更复杂的数学指令，告诉计算机怎么做，怎样模拟人类行为，让计算机“佯装”理解人类的感情。但是，本书的作者告诉我们，其实，授“计算机”以鱼不如授“计算机”以渔。无需太高深的数学思想，我们仅凭高中数学，就可以打造出一个专家级别的“神经网络”。这并非夸大其辞，危言耸听，而是真真切切、实实在在的事实。

现在，各大报纸、网站、各式各样的自媒体，都在宣称一种观点，就是告诫青少年好好学习，否则将来不好找工作。我以为，这种观点还太乐观了，这误导了读者，认为只要现在努力学习，就可以顺利“逆袭”。如果用有点烧脑、学究式的语言来描述这个问题，一言以蔽之，那就是“人工智能时代存在一个人类价值体现方式变革的问题”。换句话说，如果我们依旧指望课本里的那些知识求生存，不求创新，不求探索，那么对知识掌握得再好，也只是拾人牙慧，只能湮没于滚滚的历史车轮之下。如果你想知道，我为何有如此感叹，请仔细阅读本书。只要你有一点中学的数学基础，看得懂中文，而对计算又有那么一点兴趣，你就可以读懂本书。逻辑的基础其实很简单。

在这里，要特别感谢人民邮电出版社的领导和编辑，感谢他们对我的信任和理解，把这样一本好书交给我翻译。同时我也要感谢他们为本书的出版投入了巨大的热情，可谓呕心沥血。没有他们的耐心和帮助，本书不可能顺利付梓。

译者才疏学浅，见闻浅薄，译文多有不足甚至错漏之处，还望读者谅解并不吝指正。读者如有任何意见和建议，请将反馈信息发送到邮箱cilin2046@gmail.com，不胜感激。

林赐

2017年9月15日

于加拿大渥太华大学

序　　言

探索智能机器

千百年来，人类试图了解智能的机制，并将它复制到思维机器上。

人类从不满足于让机械或电子设备帮助做一些简单的任务，例如，使用燧石打火，使用滑轮吊起沉重的岩石，使用计算器做算术。

相反，我们希望能够自动化执行更具有挑战性、相对复杂的任务，如对相似的照片进行分组、从健康细胞中识别出病变细胞，甚至是来一盘优雅的国际象棋博弈。这些任务似乎需要人类的智能才能完成，或至少需要人类思维中的某种更深层次、更神秘的能力来完成，而在诸如计算器这样简单的机器中是找不到这种能力的。

具有类似人类智能的机器是一个如此诱人且强大的想法，我们的文化对它充满了幻想和恐惧，如斯坦利·库布里克导演的《2001: A Space Odyssey》中的HAL 9000（拥有巨大的能力却最终给人类带来了威胁）、动作片中疯狂的“终结者（Terminator）”机器人以及电视剧《Knight Rider》中具有冷静个性的话匣子KITT汽车。

1997年，国际象棋卫冕世界冠军、国际象棋特级大师加里·卡斯帕罗夫被IBM“深蓝”计算机击败，我们在庆祝这一历史性成就的同时，也担心机器智能的潜力。

我们如此渴望智能机器，以至于一些人受到了诱惑，使用欺骗手段，例如，臭名昭著的国际象棋机器Turkey仅仅是将一个人隐藏在机柜内而已！

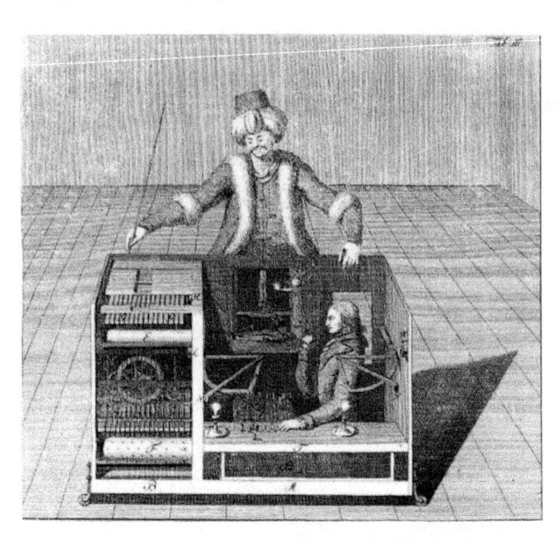

人工智能的新黄金时代

在20世纪50年代，人工智能这门学科正式成立，此时，人类雄心勃勃，对人工智能抱着非常乐观的态度。最初的成功，让人们看到了计算机可以进行简单的博弈、证明定理，因此，一些人相信，在十年左右的时间内，人类级别的人工智能将会出现。

但是，实践证明：发展人工智能困难重重，进展一度停滞不前。20世纪70年代，人们在学术界挑战人工智能的雄心遭到了毁灭性的打击。接下来，人们削减了人工智能研究经费，对人工智能的兴趣消失殆尽。

机器那冰冷的逻辑，绝对的1和0，看起来似乎永远不能够实现细致入微的、有机的，有时甚至模糊的生物大脑思维过程。

在一段时间内，人类未能独具匠心，百尺竿头，更进一步，将机器智能探索带出其既定轨迹。在此之后，研究人员灵光一现，为什么不模仿天然生物大脑的工作机制来构建人工大脑？真正的大脑具有神经元，而不是逻辑门。真正人脑具有更优雅、更有机的推理，而不是冰冷的、非黑即白的、绝对的传统算法。

蜜蜂或鸽子大脑的简单性与其能够执行复杂任务的巨大反差，这一点启发了科学家。就是这零点几克的大脑，看起来就能够做许多事情，如导航、适应风向、识别食物和捕食者、快速地决定是战斗还是逃跑。当今的计算机拥有大量的廉价资源，能够模仿和改进这些大脑吗？一只蜜蜂大约有950 000个神经元，今天的计算机，具有G比特和T比特的资源，能够表现得比蜜蜂更优秀吗？

但是，如果使用传统的方法来求解问题，那么即使计算机拥有巨大的存储和超快的处理器，也无法实现鸟和蜜蜂使用相对微小的大脑所做的事情。

受到仿生智能计算的驱动，神经网络（Neural Network）出现了，并且神经网络从此成为在人工智能领域中最强大、最有用的方法之一。今天，谷歌的Deepmind以神经网络为基础，能够做一些非常奇妙的事情，如让计算机学习如何玩视频游戏，并且在人类历史上第一次在极其变化多端的围棋博弈中击败了世界级的大师。如今，神经网络已经成为了日常技术的核心，例如自动车牌号码识别、解码手写的邮政编码。

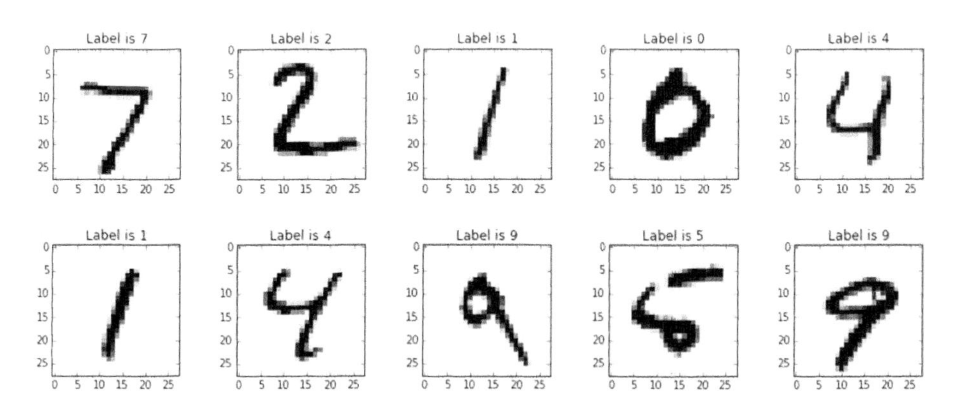

本书所探讨的就是神经网络，让你了解神经网络如何工作，帮你制作出自己的神经网络，训练神经网络来识别人类的手写字符。如果使用传统的方法来执行这个任务，那么将是非常困难的。

前　言

本书的目标读者

本书是为了任何希望了解什么是神经网络的读者而编写的，是为了任何希望设计和使用自己神经网络的读者而编写的，也是为了任何希望领略那些在神经网络发挥核心作用、相对容易但激动人心的数学思想的读者而编写的。

本书的目标读者，不是数学或计算机科学方面的专家。你不需要任何专业知识或超出中学的数学能力。

如果你可以进行加、减、乘、除运算，那么你就可以制作自己的神经网络。我们使用的最困难运算是梯度演算（gradient calculus），但是，我们会对这一概念加以说明，使尽可能多的读者能够理解这个概念。

有兴趣的读者，不妨以本书为起点，进一步探索激动人心的人工智能。一旦你掌握了神经网络的基本知识，你就可以将神经网络的核心思想运用到许多不同的问题中。

教师可以使用本书，优雅从容地解释神经网络，解释神经网络的实现，激起学生对神经网络的热情，鼓励学生使用短短的几行代码制作出能够学习的人工智能。本书中的代码已经通过了测试，能够在物美价廉的计算机——树莓派上工作。树莓派是备受学校和青年学生欢迎的一款计算机。

当我年少的时候，我难以理解这些功能强大但神秘的神经网络是如何工作的。当时，我多么希望存在一本类似的书籍。我在各种书籍、电影和杂志中看到关于神经网络的只言片语，但是当时，我只能找到一些艰深难懂的教科书，而这些教科书是为那些对数学及其术语非常了解的专家级别的人而编写的。

我曾经希望有人能够以让中学生理解的方式向我解释神经网络，满足我的好奇心。而这就是我写作本书的目的。

我们将会做些什么

在这本书中，我们将扬帆起航，制作神经网络，识别手写数字。

我们将从非常简单的预测神经元开始，然后逐步改进它们，直到达到它们的极限。顺着这条路，我们将做一些短暂的停留，学习一些数学概念。我们需要这些数学概念来理解神经网络如何学习和预测问题的解。

我们将浏览一些数学思想，如函数、简单的线性分类器、迭代细化、矩阵乘法、梯度演算、通过梯度下降进行优化，甚至是几何旋转。但是，所有这些数学概念将会以一种非常优雅清晰的方式进行解释，并且除了简单的中学数学知识以外，读者完全不需要任何前提知识或专业技术。

一旦我们成功制作了第一个神经网络，我们将带着这种思想，在各个方面使用这种思想。例如，我们无需诉诸额外的训练数据，就可以使用图像处理来改善机器学习。我们将一窥神经网络的思想，看看它是否揭示了任何深刻的见解——很多书籍并没有向你展示神经网络的工作机制。

当我们循序渐进制作神经网络时，我们还将学习一种非常简单、有用和流行的编程语言Python。同样，你不需要有任何先前的编程经验。

我们将如何做到这点

本书的主要目的是向尽可能多的人揭示神经网络背后的概念。这意味着我们将一直从让人们感觉舒服和熟悉的地方开始介绍这些概念。我们将采用简单的步骤，小步前进，从一些安全的地方开始构建知识，直到我们拥有足够的知识，去理解和欣赏一些关于神经网络的、很酷炫或让人很兴奋的东西。

为了使事情尽可能顺畅方便，我们将抵制诱惑，将讨论范围严格限定为制作神经网络所必需的知识。一些读者可能会对一些有趣的题外话感兴趣，如果你是这样的读者，那么我们鼓励你对神经网络进行更广泛的研究。

本书不会探讨所有可能的神经网络优化和改进的方法。虽然在实践中，存在很多种优化和改进的方法，但是这些内容与本书的核心目的背道而驰，本书只是想用一种尽可能简单易懂、简洁明了的方式介绍神经网络的基本思路。

我们有意将本书分成3章：

· 在第1章中，我们将如清风拂面般，一览在简单的神经网络中所用的数学思想。我们有意不介绍任何计算机编程知识，以避免喧宾夺主地干扰了本书的核心思想。

· 在第2章中，我们将学习足以实现自己的神经网络的Python知识。我们将训练神经网络，识别手写数字，并且会测试神经网络的性能。

· 在第3章中，我们将进一步了解简单的神经网络，这超出了了解基本神经网络知识的范畴，但是我们这样做只是为了获得一些乐趣。我们将尝试一些想法，进一步改善神经网络的性能，我们将观察已受训练的神经网络内部，看看我们是否理解神经网络所学习到的知识，是否理解神经网络是如何做出决定进行回答的。

我们使用的软件工具都是免费开源的，你无须支付任何费用。你也不需要一台昂贵的计算机制作自己的神经网络。本书中的所有代码都已经经过了测试，可以在价廉物美的树莓派Zero上运行。在本书的末尾，附录B介绍了如何让你的树莓派准备就绪。

反馈

如果在数学和计算机科学方面，我没能给你一种真正的兴奋和惊喜的感觉，那么这是我的失败。

如果在通过制作自己的人工智能、模拟人类大脑的学习能力的过程中，我没能向你展示出中学数学和简单的计算机方法可以变得如此出神入化，那么这是我的失败。

如果我没能给你信心和愿望，进一步探索那无比丰富的人工智能领域，那么这是我的失败。

我欢迎任何改善本书的反馈。请通过电子邮件地址makeyourownneuralnetwork@gmail.com或推特@myoneuralnet与我联系。

你也可以在异步社区（www.epubit.com），找到本书页面并下载示例代码。在这个网页中，也有中译本经过确认的勘误。

目 录

CONTENTS

莱布尼茨　　牛顿

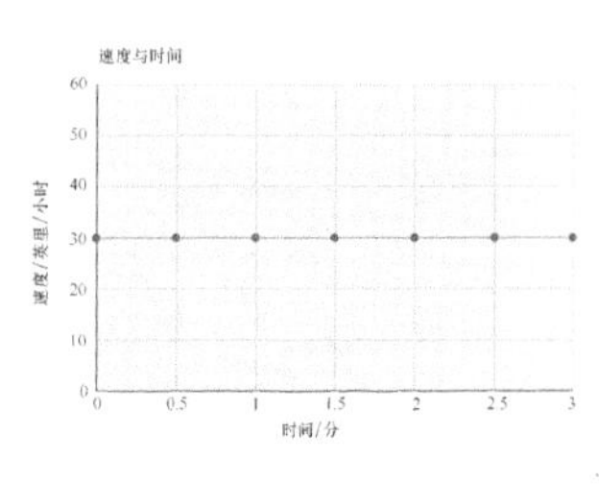

第 1 章　神经网络如何工作

"从你身边所有的小事情中，找到灵感。"

1.1　尺有所短，寸有所长

计算机的核心部分就是计算器。这些计算器做算术非常快。

对于执行与计算器相匹配的任务而言，如对数字进行相加算出销售额、运用百分比算出税收、绘制现存数据的图表，这是很不错的。

即使是在计算机上观看网络电视节目或听流媒体的音乐，也只涉及一次又一次地执行简单的算术指令。在互联网上通过管道将 1 和 0 输送到计算机，重建视频帧，所使用的算术也不会比你在中学所做的加法运算复杂，这一点也许令你颇为惊奇。

计算机可以以相当快的速度，在 1 秒钟内进行 4 位数甚至 10 位数的相加，这也许给人留下了深刻的印象，但是这不是人工智能。人类可能发现自己很难快速地进行加法运算，然而进行加法运算的过程不需要太多的智慧。简单说来，这只要求计算机拥有遵循基本指令的能力，而这正是计算机内的电子器件所做的事情。

现在，让我们转到事情的背面，掀开计算机的底牌。

让我们观察下面的图片，看看你能认出图片中包含哪些内容。

你和我都看到了人脸、猫和树的图片，并识别出了这些内容。事实上，我们可以以非常高的精确度快速地做到这一点。在这方面，我们通常不会出错。

我们可以处理图像中所包含的相当大量的信息，并且可以成功地识别图像中有哪些内容。但这种任务对计算机而言，并不是那么容易，实际上，是相当困难的。

问题	计算机	人类
快速地对成千上万的大数字进行乘法运算	简单	困难
在一大群人的照片中查找面孔	困难	简单

我们怀疑图像识别需要人类智能，而这是机器所缺乏的。无论我们造出的机器多么复杂和强大，它们依然不是人类。但是，由于计算机速度非常快，并且不知疲倦，我们恰恰希望计算机能更好地进行求解图像识别这类问题。人工智能所探讨的一切问题就是解决这种类型的难题。

当然，计算机将永远使用电子器件制造，因此研究人工智能的任务就是找到新方法或新算法，使用新的工作方式，尝试求解这类相对困难的问题。即使计算机不能完美地解决这些问题，但是我们只要求计算机足够出色，给人们留下一种印象，让人觉得这是智能在起作用。

关键点

- 有些任务，对传统的计算机而言很容易，对人类而言却很难。例如，对数百万个数字进行乘法运算。
- 另一方面，有些任务对传统的计算机而言很难，对人类而言却很容易。例如，从一群人的照片中识别出面孔。

1.2 一台简单的预测机

让我们先从构建超级简单的机器开始。

想象一下，一台基本的机器，接受了一个问题，做了一些“思考”，并输出了一个答案。与我们在上面的例子中进行的操作一样，我们从眼睛输入图片，使用大脑分析场景，并得出在场景中有哪些物体的结论。

下面就是这台机器看起来的样子。

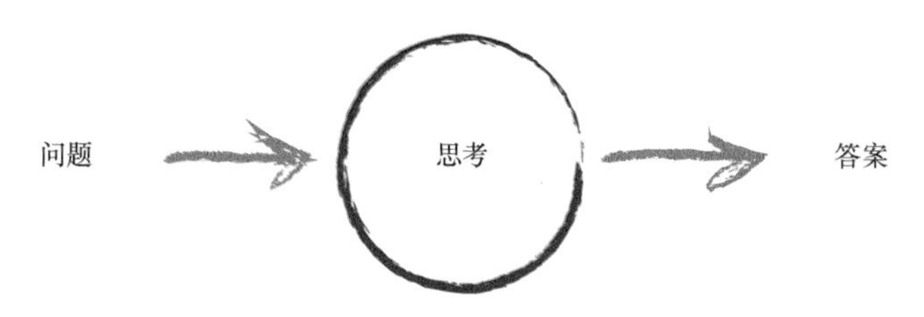

记住，计算机不是真的思考，它们只是得到包装的计算器，因此让我们使用更恰当的词语来形容这个过程。

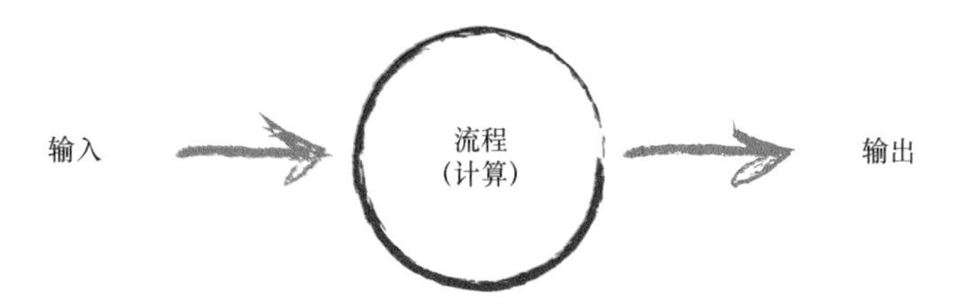

一台计算机接受了一些输入，执行了一些计算，然后弹出输出。下列的内容详细说明了这一点。一台计算机对“3×4”的输入进行处理，这种处理也许是将乘法运算转化为相对简单的一组加法，然后弹出答案“12”。

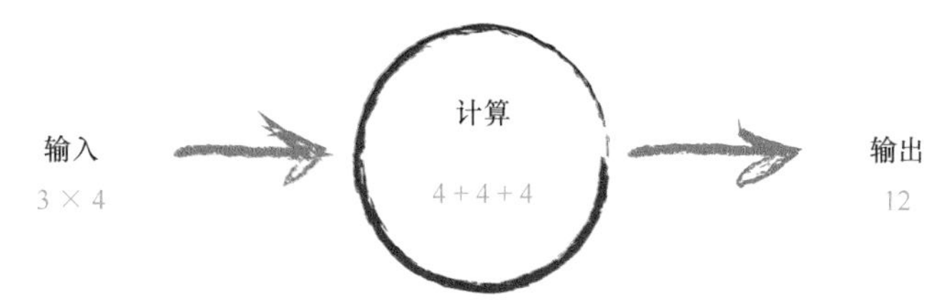

你可能会想“这也没什么了不起的吧！”，没关系。这里，我们使用简单和熟悉的例子来引出此后我们将看到的更有趣的神经网络的概念。

让我们稍微增加一点复杂度。

试想一下将千米转化为英里的一台机器，如下所示。

现在想象一下，我们不知道千米和英里之间的转换公式。我们所知道的就是，两者之间的关系是线性的。这意味着，如果英里数加倍，那么表示相同距离的千米数也是加倍的。这是非常直观的。如果这都不是真理，那么这个宇宙就太让人匪夷所思了。

千米和英里之间的这种线性关系，为我们提供了这种神秘计算的线索，即它的形式应该是“英里 = 千米 ×C”，其中 C 为常数。现在，我们还不知道这个常数 C 是多少。

我们拥有的唯一其他的线索是，一些正确的千米 / 英里匹配的数值对示例。这些示例就像用来验证科学理论的现实世界观察实验一样，显示了世界的真实情况。

真实示例	千米	英里
1	0	0
2	100	62.137

我们应该做些什么，才能计算出缺失的常数 C 呢？我们信手拈来一个随机的数值，让机器试一试！让我们试着使用 C = 0.5，看看会发生什么情况。

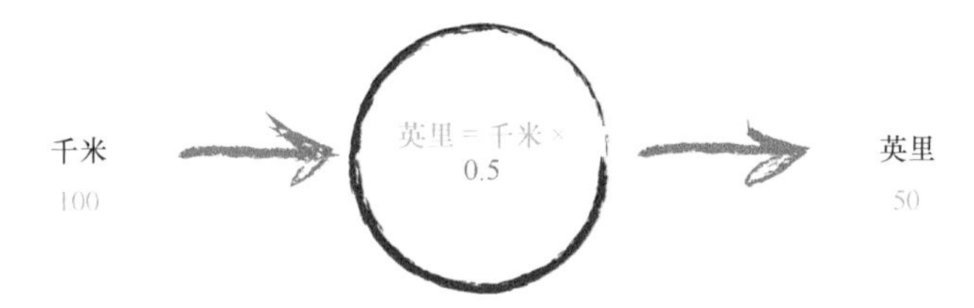

这里，我们令：英里 = 千米 ×C，其中千米为 100，当前，我们猜测 C

为 0.5。

这台机器得到 50 英里的答案。

嗯，鉴于我们随机选择了 C = 0.5，这种表现还算不错。但是，编号为 2 的真实示例告诉我们，答案应该是 62.137，因此我们知道这是不准确的。

我们少了 12.137。这是计算结果与我们列出的示例真实值之间的差值，是误差。即：

$$
\begin{aligned}
\text{误差值} &= \text{真实值} - \text{计算值} \\
&= 62.137 - 50 \\
&= 12.137
\end{aligned}
$$

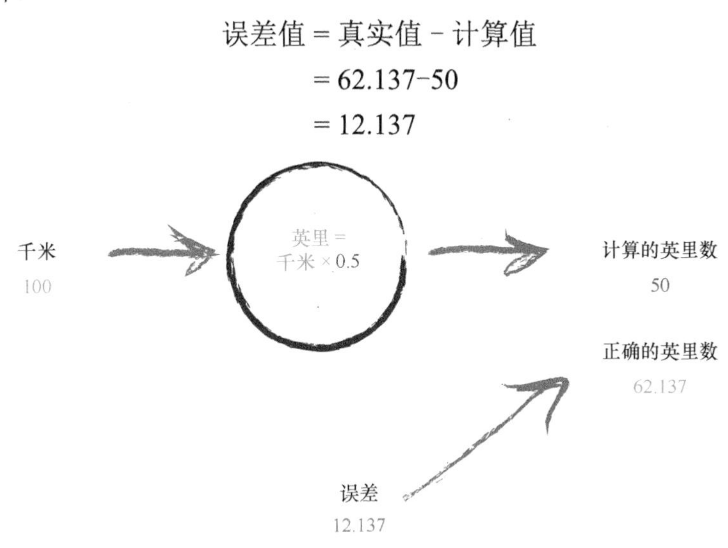

下一步，我们将做些什么呢？我们知道错了，并且知道差了多少。我们无须对这种误差感到失望，我们可以使用这个误差，指导我们得到第二个、更好的 C 的猜测值。

再看看这个误差值。我们少了 12.137。由于千米转换为英里的公式是线性的，即英里 = 千米 ×C，因此我们知道，增加 C 就可以增加输出。

让我们将 C 从 0.5 稍微增加到 0.6，观察会发生什么情况。

现在，由于将 C 设置为 0.6，我们得到了英里 = 千米 ×C = 100×0.6 = 60，这个答案比先前 50 的答案更好。我们取得了明显的进步。

现在，误差值变得更小了，为 2.137。这个数值甚至可能是我们很乐于接受的一个误差值。

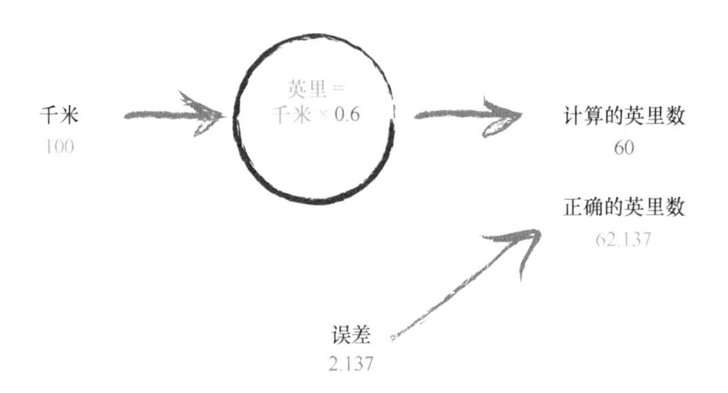

这里，很重要的一点是，我们使用误差值的大小指导如何改变 C 的值。我们希望输出值从 50 增大一些，因此我们稍微增加了 C 的值。

我们不必尝试使用代数法计算出 C 需要改变的确切量，让我们继续使用这种方法改进 C 值。如果你还不能被我说服，还是认为计算出确切的答案才够简单，那么，请记住，更多有趣的问题是没有一个简单的数学公式将输出和输入关联起来的。这就是我们需要诸如神经网络这样相对成熟而复杂的方法的原因。

让我们再次重复这个过程。输出值 60 还是太小了。我们再次微调 C，将其从 0.6 调到 0.7。

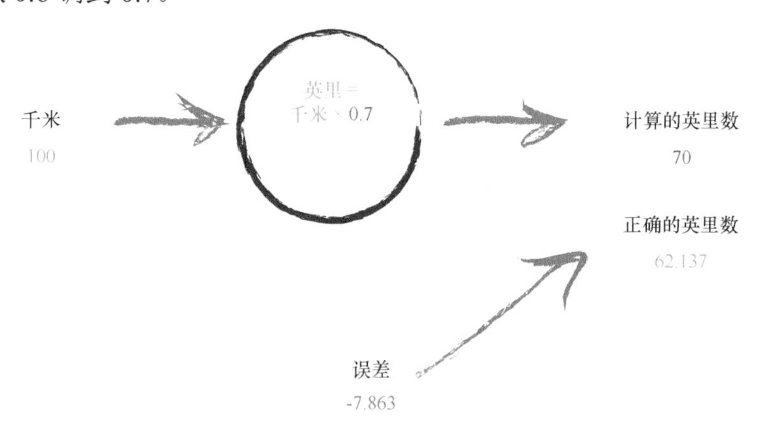

糟糕！过犹不及，结果超过了已知的正确答案。先前的误差值为 2.137，现在的误差值为 −7.863。这个负号告诉我们，我们不是不足，而是超调了。请记住上面的公式，误差值等于真实值减去计算值。

如此说来，C = 0.6 比 C = 0.7 好得多。我们可以就此结束这个练习，欣然接受 C = 0.6 带来的小小误差。但是，让我继续向前走一小段距离。我们为什么不使用一个较小的量，微调 C，将 C 从 0.6 调到 0.61 呢？

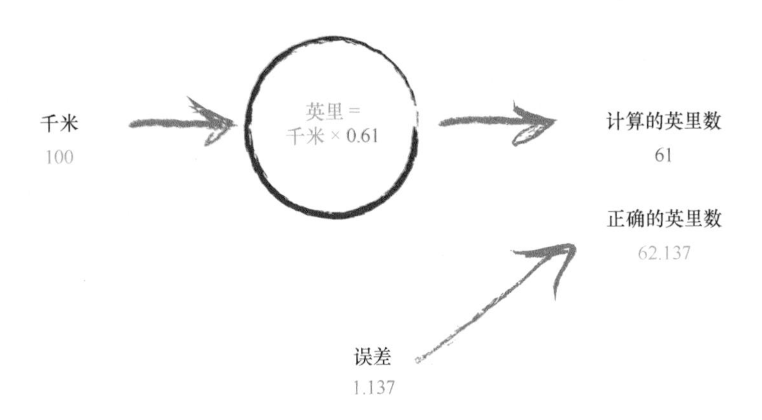

这比先前得到的答案要好得多。我们得到输出值 61，比起正确答案 62.137，这只差了 1.137。

因此，最后的这次尝试告诉我们，应该适度调整 C 值。如果输出值越来越接近正确答案，即误差值越来越小，那么我们就不要做那么大的调整。使用这种方式，我们就可以避免像先前那样得到超调的结果。

同样，读者无须为如何使用确切的方式算出 C 值而分心，请继续关注这种持续细化误差值的想法，我们建议修正值取误差值的百分之几。直觉上，这是正确的：大误差意味着需要大的修正值，小误差意味着我们只需要小小地微调 C 的值。

无论你是否相信，我们刚刚所做的，就是走马观花地浏览了一遍神经网络中学习的核心过程。我们训练机器，使其输出值越来越接近正确的答案。

这值得读者停下来，思考一下这种方法，我们并未像在学校里求解数学和科学问题时所做的一样一步到位，精确求解问题。相反，我们尝试得到一个答案，并多次改进答案，这是一种非常不同的方法。一些人将这种方法称为迭代，意思是持续地、一点一点地改进答案。

关键点

- 所有有用的计算机系统都有一个输入和一个输出，并在输入和输出之间进行某种类型的计算。神经网络也是如此。
- 当我们不能精确知道一些事情如何运作时，我们可以尝试使用模型来估计其运作方式，在模型中，包括了我们可以调整的参数。如果我们不知道如何将千米转换为英里，那么我们可以使用线性函数作为模型，并使用可调节的梯度值作为参数。
- 改进这些模型的一种好方法是，基于模型和已知真实示例之间的比较，得到模型偏移的误差值，调整参数。

1.3 分类器与预测器并无太大差别

因为上述的简单机器接受了一个输入，并做出应有的预测，输出结果，所以我们将其称为预测器。我们根据结果与已知真实示例进行比较所得到的误差，调整内部参数，使预测更加精确。

现在，我们来看看测量得到的花园中小虫子的宽度和长度。

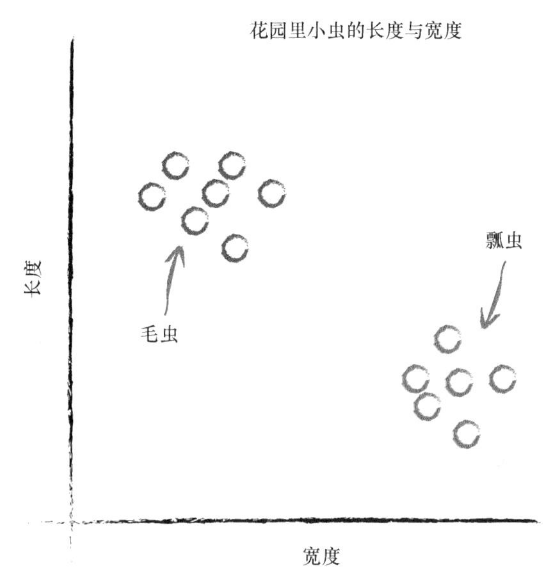

在上图中，你可以清楚地看到两群小虫。毛虫细而长，瓢虫宽而短。

你还记得给定千米数，预测器试图找出正确的英里数这个示例吗？这台预测器的核心有一个可调节的线性函数。当你绘制输入输出的关系图时，线性函数输出的是直线。可调参数C改变了直线的斜率。

如果我们在这幅图上画上一条直线，会发生什么情况呢？

虽然我们不能使用先前将千米数转换成英里数时的同样方式，但是我们也许可以使用直线将不同性质的事物分开。

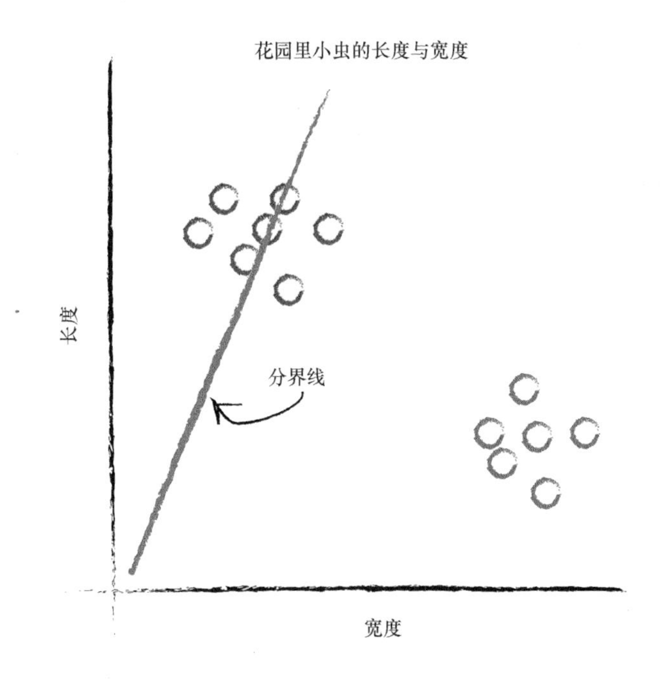

在上图中，如果直线可以将毛虫与瓢虫划分开来，那么这条直线就可以根据测量值对未知小虫进行分类。由于有一半的毛虫与瓢虫在分界线的同一侧，因此上述的直线并没有做到这一点。

让我们再次调整斜率，尝试不同的直线，看看会发生什么情况。

这一次，这条直线真是一无是处！它根本没有将两种小虫区分开来。

让我们再试一次：

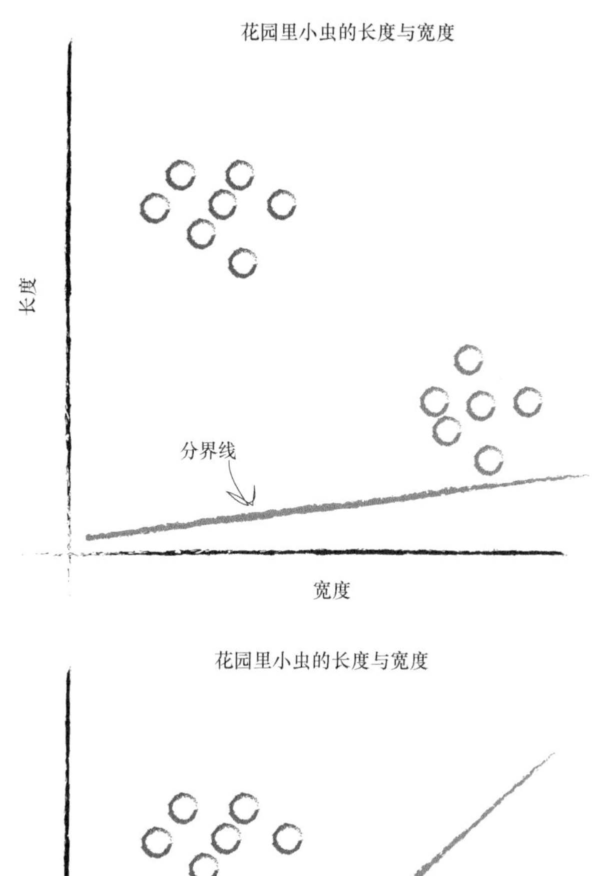

这条直线好多了！这条直线整齐地将瓢虫与毛虫区分开来了。现在，我们可以用这条直线作为小虫的分类器。

我们假设没有未经发现的其他类型的小虫，现在来说，这样假设是没有问题的，因为我们只是希望说明构建一台简单的分类器的思路。

设想一下，下一次，计算机使用机器手臂抓起一只新的小虫，测量其宽度和长度，然后它可以使用上面的分界线，将小虫正确归类为毛虫或瓢虫。

看看下图，你可以看到未知的小虫位于直线之上，因此这是一条毛虫。这种分类非常简单，但是非常强大！

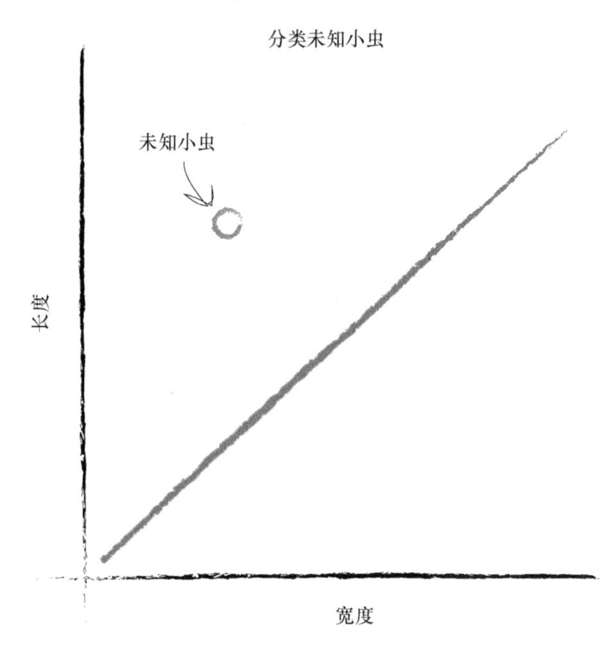

我们已经看到了，在简单的预测器中，如何使用线性函数对先前未知的数据进行分类。

但是，我们忽略了一个至关重要的因素。我们如何得到正确的斜率呢？我们如何改进才能很好划分这两种小虫的分界线呢？

这个问题的答案处于神经网络学习的核心地带。让我们继续看下一节。

1.4 训练简单的分类器

我们希望训练线性分类器，使其能够正确分类瓢虫或毛虫。在1.3节的图中，根据观察，我们知道要做到这一点，简单说来，就是要调整分界线的斜率，使其能够基于小虫的宽度和长度将两组点划分开来。

我们如何做到这一点呢？

我们无需研究一些最前沿的数学理论。让我们通过尝试摸着石头过河，使用这种方式，我们可以更好地了解数学。

我们确实需要一些可以借鉴的实例。为了简单化这项工作，下表显示了两个实例。

实例	宽度	长度	小虫
1	3.0	1.0	瓢虫
2	1.0	3.0	毛虫

我们有宽度为 3.0 和长度为 1.0 的一只小虫，我们知道这是瓢虫。我们还有长度较长（为 3.0）、宽度较小（为 1.0）的一只小虫，这是一条毛虫。

我们知道这组实例是正确的。这些实例帮助我们调整分类函数的斜率。用来训练预测器或分类器的真实实例，我们称为训练数据。

让我们绘制出这两个训练数据实例。通过观察数字列表或数字表格是不容易理解和感知数据的，而可视化数据有助于我们做到这一点。

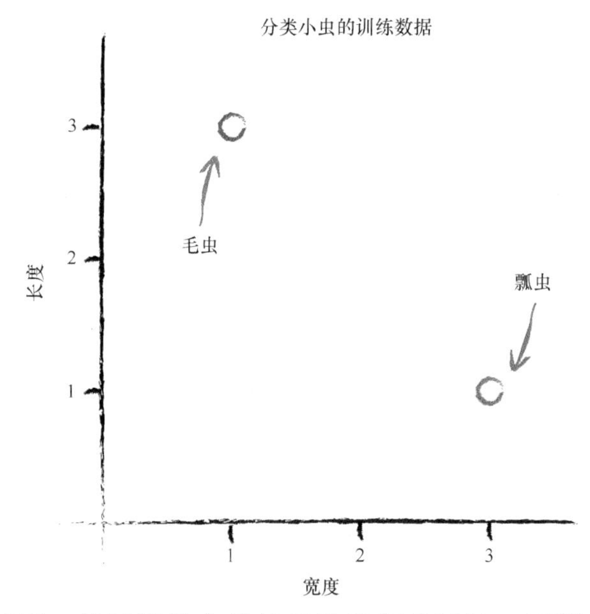

让我们使用一条随机的分界线开始我们的讨论。回顾一下，在千米转换为英里预测器的实例中，我们有一个调整了参数的线性函数。此处，由于分界线是一条直线，因此我们也可以进行相同的处理：

$$y = Ax$$

由于严格来说，此处的直线不是一台预测器，因此我们有意使用名称 y 和 x，而不使用名称长度和宽度。与先前我们将千米转换为英里不一样，这条直线不将宽度转换为长度。相反，它是一条分界线，是一台分类器。

你可能还注意到，$y = Ax$ 比完整的直线形式 $y = Ax + B$ 更简单。我们刻意让花园中小虫的场景尽可能简单。简单说来，非零值 B 意味着直线不经过坐标原点。但是在我们的场景中，B 不为零并未有任何用途。

之前，我们看到参数 A 控制着直线的斜率。较大的 A 对应着较大的斜率。

让我们尝试从 A = 0.25 开始，分界线为 $y = 0.25x$。在与训练数据的同一张图中，我们绘制这条直线，观察一下这是一种什么情况。

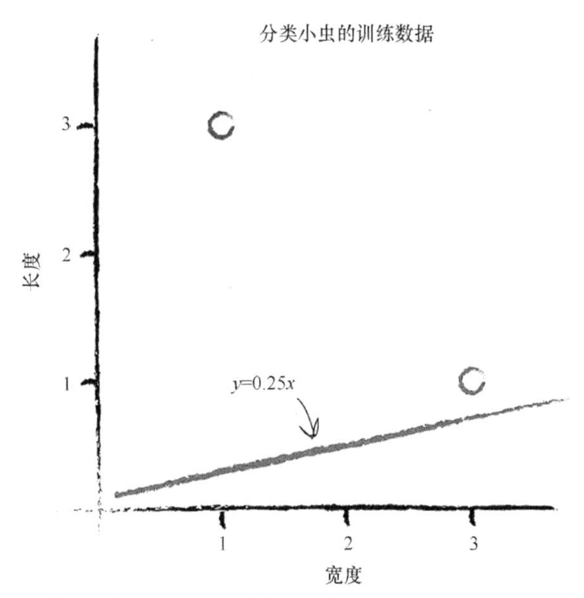

无需任何计算，我们可以观察到直线 $y = 0.25x$ 不是一台很好的分类器。这条直线未将两种类型的小虫区分开来。由于瓢虫也处在直线之上，因此我们不能说“如果小虫在直线之上，则这是一条毛虫”。

直观上，我们观察到需要将直线向上移动一点，但是我们要抵制诱惑，不能通过观察图就画出一条合适的直线。我们希望能够找到一种可重复的方法，也就是用一系列的计算机指令来达到这个目标。计算机科学家称这一系列指令为算法（algorithm）。

让我们观察第一个训练样本数据：宽度为 3.0 和长度为 1.0 瓢虫。如果我们使用这个实例测试函数 $y = Ax$，其中 x 为 3.0，我们得到：

$$y = 0.25*3.0 = 0.75$$

在这个函数中，我们将参数 A 设置为初始随机选择的值 0.25，表明对于宽度为 3.0 的小虫，其长度应为 0.75。但是，由于训练数据告诉我们这个长度必须为 1.0，因此我们知道这个数字太小了。

现在，我们有了一个误差值。正如先前将千米转换为英里的预测器实例一样，我们可以利用这个误差值来搞清楚如何调整参数 A。

但是，在我们调整参数 A 之前，让我们考虑 y 应该是什么值。如果 y 为 1.0，那么直线就会恰好经过瓢虫所在的坐标点（x，y）=（3.0，1.0）。这是一个非常微妙的点，但是实际上，我们并不希望出现这种情况。我们希望直线处于这个点上方。为什么呢？因为我们希望所有瓢虫的点处于直线下方，而不是在直线上。这条直线需要成为瓢虫和毛虫之间的一条分界线，而不是给定小虫宽度、预测小虫长度的一个预测器。

因此，当 $x = 3.0$ 时，我们尝试使用 y=1.1 的目标值。这只是比 1.0 大一点的数。我们也可以选择 1.2 甚至 1.3，但是我们不希望使用 10 或 100 这样较大的数字，因为这很可能会使得直线在瓢虫和毛虫上方，导致这个分类器没有一点作用。

因此，期望的目标值是 1.1，误差值 E 为

$$误差值 =（期望目标值 - 实际输出值）$$

这样

$$E = 1.1 - 0.75 = 0.35$$

让我们暂停下来提醒一下自己，将误差值、期望的目标值和计算值的意义在图上表示出来。

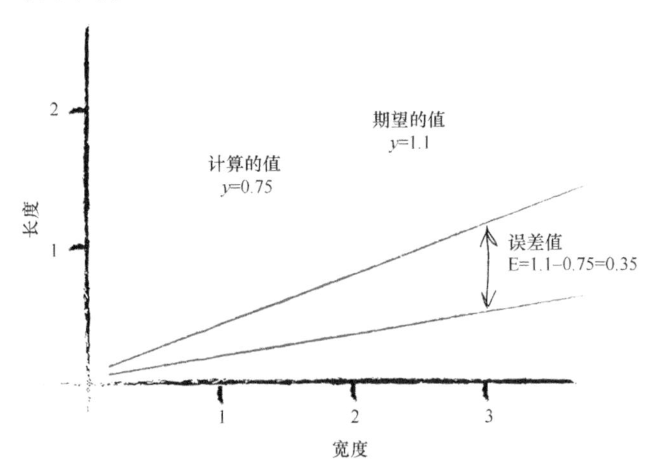

现在，我们需要对这个 E 做些什么，才能更好地指导我们调整参数 A 呢？这是一个重要的问题。

在这个任务中，让我们退一步再想一想。我们希望用 y 中称为 E 的误差值，来搞清楚参数 A 所需改变的值。要做到这一点，我们需要知道两者的关系。A 与 E 是如何关联的呢？如果我们知道了这一点，那么我们就可以理解更改一个值如何影响另一个值。

我们先从分类器的线性函数开始：

$$y = \mathrm{A}x$$

我们知道，A 的初始猜测值给出了错误的 y 值，y 值应该等于训练数据给定的值。我们将正确的期望值 t 称为目标值。为了得到 t 值，我们需要稍微调整 A 的值。数学家使用增量符号 Δ 表示“微小的变化量”。下面我们将这个变化量写出来：

$$t = (\mathrm{A} + \Delta \mathrm{A})x$$

让我们在图中将其画出来，以使其更容易理解。在图中，你可以看到新的斜率（A+ΔA）。

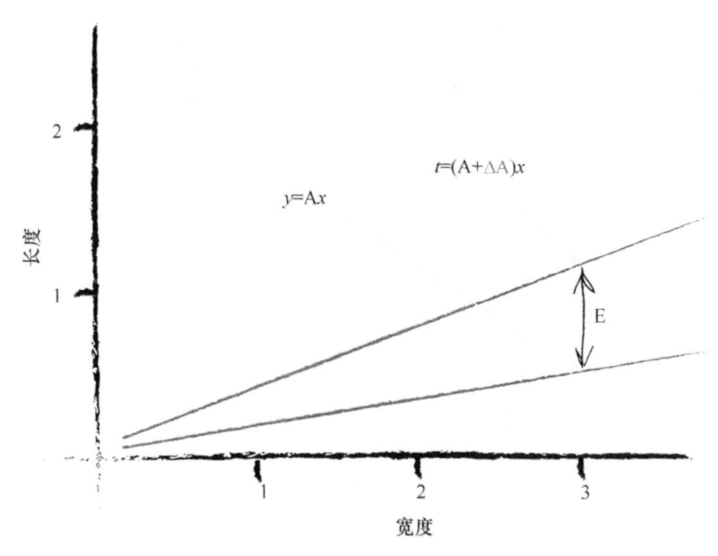

请记住，误差值 E 是期望的正确值与基于 A 的猜测值计算出来的值之间的差值。也就是说，E 等于 $t-y$。

我们将这个过程写出来，这样就清楚了：

$$t - y = (A + \Delta A)x - Ax$$

展开表达式并化简：

$$E = t - y = (A + \Delta A)x - Ax$$

$$E = (\Delta A)x$$

这是多么美妙啊！误差值 E 与 ΔA 存在着一种简单的关系。这种关系如此简单，以至于我认为这是错的，但实际上这是正确的。无论如何，这种简单的关系让我们的工作变得相对容易。

我们很容易沉迷于代数，或由于代数而分心。让我们提醒自己，我们所希望的是摆脱这些代数，用一些简明的语言达到我们的目标。

根据误差值 E，我们希望知道需要将 A 调整多少，才能改进直线的斜率，得到一台更好的分类器。要做到这一点，我们只要重新调整上一个方程，将 ΔA 算出：

$$\Delta A = E / x$$

这就可以了！这就是我们一直在寻找的神奇表达式。我们可以使用误差值 E，将所得到的 ΔA 作为调整分界线斜率 A 的量。

让我们开始吧——更新最初的斜率。

误差值为 0.35，x 为 3.0。这使得 $\Delta A = E / x = 0.35 / 3.0 = 0.1167$。这意味着当前的 A = 0.25 需要加上 0.1167。这也意味着，修正后的 A 值为（A + ΔA），即 0.25 + 0.1167 = 0.3667。当 A=0.3667 时，使用这个 A 值计算得到的 y 值为 1.1，正如你所期望的，这就是我们想要的目标值。

唷！我们做到了！我们找到了基于当前的误差值调整参数的方法。

让我们继续前进吧！

现在，我们已经完成了一个实例训练，让我们从下一个实例中学习。此时，我们已知正确值对为 $x = 1.0$ 和 $y = 3.0$。

当线性函数使用更新后的 A = 0.3667，并把 $x = 1.0$ 代入到线性函数中时，让我们观察会发生什么情况。我们得到 $y = 0.3667 * 1.0 = 0.3667$。这与训练样本中 $y = 3.0$ 相去甚远。

基于与先前同样的推理，我们希望直线不要经过训练数据，而是稍微高于或低于训练数据，我们将所需的目标值设置为 2.9。这样，毛虫的训练样本就在直线上方，而不是在直线之上。误差值 E 为 2.9−0.3667= 2.5333。

比起先前，这个误差值更大，但是如果仔细想想，迄今为止，我们只使用一个单一的训练样本对线性函数进行训练，很明显，这使得直线偏向于这个单一的样本。

与我们先前所做的一样，让我们再次改进A。ΔA为E / x，即2.5333 / 1.0 = 2.5333。这意味着较新的 A 为 0.3667 + 2.5333 = 2.9。这也意味着，对于 x = 1.0，函数得出了 2.9 的答案，这正是所期望的值。

这个训练量有点大了，因此，让我们再次暂停，观察我们已经完成的内容。下图显示出了初始直线、向第一个训练样本学习后的改进直线和向第二个训练样本学习后的最终直线。

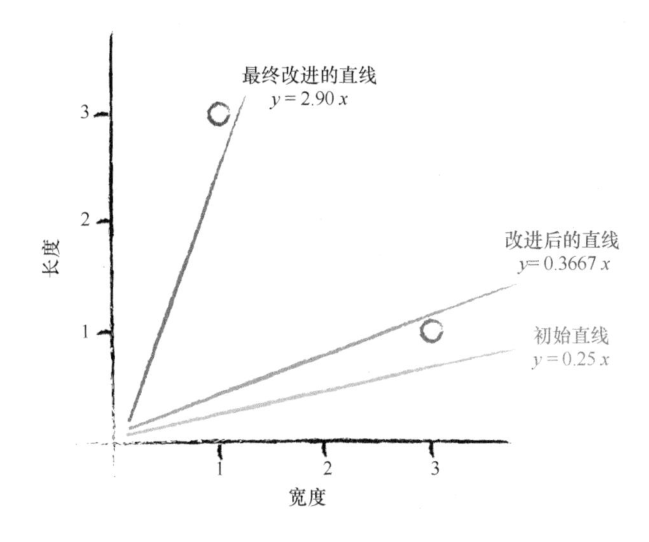

等等，这是什么情况啊！看着这幅图，我们似乎并没有做到让直线以我们所希望的方式倾斜。这条直线没有整齐地划分出瓢虫和毛虫。

好了，我们理解了先前的诉求。改进直线，以得出各个所需的 y 值。

这种想法有什么错误呢？如果我们继续这样操作，使用各个训练数据样本进行改进，那么我们所得到的是，最终改进的直线与最后一次训练样本非常匹配。实际上，最终改进的直线不会顾及所有先前的训练样本，而是抛弃了所有先前训练样本的学习结果，只是对最近的一个实例进行了学习。

如何解决这个问题呢？

其实很简单！在机器学习中，这是一个重要的思路。我们应该进行适度改进（moderate）。也就是说，我们不要使改进过于激烈。我们采用 ΔA 几分之一的一个变化值，而不是采用整个 ΔA，充满激情地跳跃到每一个新的 A 值。使用这种方法，我们小心谨慎地向训练样本所指示的方向移动，保持先前训练迭代周期中所得到的值的一部分。在先前相对简单的千米转换为英里的预测器中，我们就已经观察到这种有节制的调整，我们小心翼翼地调整参数 C，使其只是实际误差值的几分之几。

这种自我节制的调整，还带来了一个非常强大、行之有效的“副作用”。当训练数据本身不能确信为完全正确并且包含在现实世界测量中普遍出现的错误或噪声这两种情况时，有节制的调整可以抑制这些错误或噪声的影响。这种方法使得错误或噪声得到了调解和缓和。

好吧，让我们重新使用这种方法。但是这一次，在改进公式中，我们将添加一个调节系数：

$$\Delta A = L\,(E / x)$$

调节系数通常被称为学习率（learning rate），在此，我们称之为 L。我们就挑 L = 0.5 作为一个合理的系数开始学习过程。简单说来，这就意味着我们只更新原更新值的一半。

再一次重复上述过程，我们有一个初始值 A = 0.25。使用第一个训练样本，我们得到 y = 0.25 * 3.0 = 0.75，期望值为 1.1，得到了误差值 0.35。ΔA = L（E / x）= 0.5 * 0.35 / 3.0 = 0.0583。更新后的 A 值为 0.25 + 0.0583 = 0.3083。

尝试使用新的 A 值计算训练样本，在 x = 3.0 时，得到 y = 0.3083 * 3.0 = 0.9250。现在，由于这个值小于 1.1，因此这条直线落在了训练样本错误的一边，但是，如果你将这视为后续的众多调整步骤的第一步，则这个结果不算太差。与初始直线相比，这条直线确实向正确方向移动了。

我们继续使用第二个训练数据实例，x = 1.0。使用 A = 0.3083，我们得到 y = 0.3083 * 1.0 = 0.3083。所需值为 2.9，因此误差值是 2.9−0.3083= 2.5917。ΔA = L(E / x) = 0.5 * 2.5917 / 1.0 = 1.2958。当前，第二个更新的值 A 等于 0.3083 + 1.2958 = 1.6042。

让我们再次观察初始直线、改进后的直线和最终直线，观察这种有节制的改进是否在瓢虫和毛虫区域之间是否得到了更好的分界线。

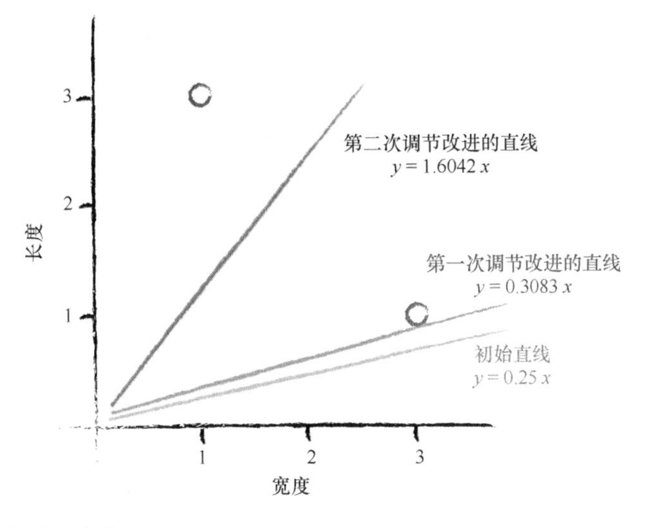

结果真的很不错！

即使使用这两个简单的训练样本，利用带有调节学习速率的一种相对简单的改进方法，我们也非常迅速地得到了一条很好的分界线 $y = Ax$，其中 A 为 1.6042。

让我们先放下已经取得的成就。我们已经实现了自动化的学习方法，虽然方法非常简单，但卓有成效地对若干实例进行分类。

这太棒了！

关键点

- 我们使用简单的数学，理解了线性分类器输出误差值和可调节斜率参数之间的关系。也就是说，我们知道了在何种程度上调整斜率，可以消除输出误差值。
- 使用朴素的调整方法会出现一个问题，即改进后的模型只与最后一次训练样本最匹配，“有效地”忽略了所有以前的训练样本。解决这个问题的一种好方法是使用学习率，调节改进速率，这样单一的训练样本就不能主导整个学习过程。
- 来自真实世界的训练样本可能充满噪声或包含错误。适度更新有助于限制这些错误样本的影响。

1.5 有时候一个分类器不足以求解问题

到目前为止，我们展示了简单的预测器和分类器。正如我们刚才所观察到的，这些预测器和分类器，接受了某个输入进行一些计算，然后抛出了一个答案。虽然这些预测器和分类器行之有效，却不足以求解一些更有趣的问题，而我们希望应用神经网络来求解这些问题。

此处，我们将使用一个简单而鲜明的实例，来说明线性分类器的局限性。我们为什么要说明线性分类器的局限性，而不直接跳转到讨论神经网络呢？原因就是，神经网络的一个重要的设计特征来源于对这个局限性的理解，因此值得花一些时间来讨论这个局限性。

我们不再讨论花园里的小虫。现在，我们来观察布尔逻辑函数。这个术语听起来像晦涩难懂的暗语——别太担心，乔治·布尔是一名数学家和哲学家，他的名字与一些简单的函数相关，如 AND 和 OR 函数。

布尔逻辑函数就像语言函数或思想函数。如果我们说“当且仅当，你吃了蔬菜 AND（并且）依然很饿的情况下，你可以吃布丁”，这里，我们就使用布尔 AND 函数。只有在两个条件都为真的情况下，布尔 AND 函数才为真。如果只有一个条件为真，那么 AND 函数为假。因此，如果“我饿了”，但是“我还没有吃蔬菜，我就不能吃布丁”。

同样，如果我们说“如果这是周末，OR（或）这是你的年假，那么你可以在公园里玩”，这里，我们使用了布尔 OR 函数。如果这些条件有任何一个为真或全部为真，那么布尔 OR 函数为真。这无需像布尔 AND 函数一样，必须两个条件都为真。因此，即使“这不是周末”，但是“我已经申请了年假，我一样可以去公园玩”。

我们回顾首次见到的函数，我们将这些函数视为机器，这些机器接受了一些输入，做了一些工作，并输出答案。布尔逻辑函数通常需要两个输入，并输出一个答案。

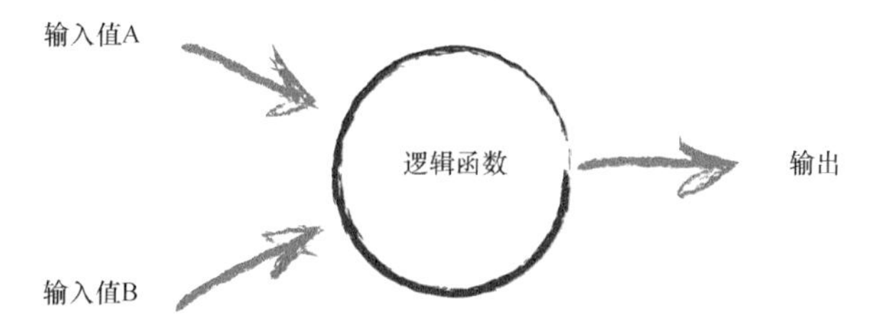

计算机通常使用数字1表示真，使用数字0表示假。下列的表格使用这种相对简洁的表示方法，基于输入值A和输入值B的所有组合，表示了逻辑AND和OR函数。

输入值A	输入值B	逻辑AND	逻辑OR
0	0	0	0
0	1	0	1
1	0	0	1
1	1	1	1

你可以很清楚地看到，只有A和B同时为真时，AND函数才为真。同样，你也可以看到，只要A和B有一个为真时，OR就为真。

在计算机科学中，布尔逻辑函数非常重要。事实上，最早的电子计算机就是使用执行这些逻辑函数的微电路构造的。即使是算术，也是使用这些本身很简单的布尔逻辑函数的电路组合来完成的。

想象一下，不论数据是否由布尔逻辑函数控制，使用简单的线性分类器就可以从训练数据中学习。对于试图在一些观察和另一些观察之间找到因果关系或相关关系的科学家而言，这是很自然也是很有用的一种工具。例如，在下雨时AND（并且）温度高于35摄氏度时，有更多疟疾病人吗？当这两个条件（布尔OR）有任何一个条件为真时，有更多疟疾病人吗？

请看下图，这幅图在坐标系中显示了两个输入值A和B与逻辑函数的关系。这幅图显示，只有当两个输入均为真时，即具有值1时，输出才为真，使用绿色表示。否则输出为假，显示为红色。

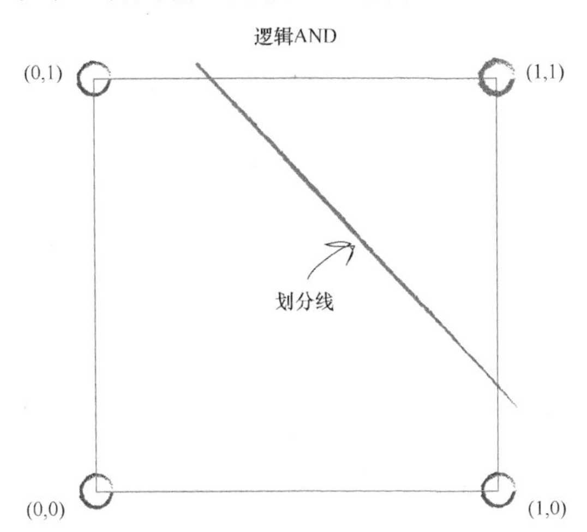

你还可以看到一条直线，将绿色区域和红色区域划分开来。正如我们先前完成的演示，这条直线是线性分类器可以学习到的一个线性函数。

在这个例子中，数字计算没有本质上的不同，因此我们就不像先前一样进行数字计算了。

事实上，有许多不同的分界线，也可以很好地对区域进行划分，但是，主要的一点是，对于形如 $y = ax + b$ 的简单的线性分类器，确实可以学习到布尔 AND 函数。

现在，观察使用类似的方式绘制出的布尔 OR 函数：

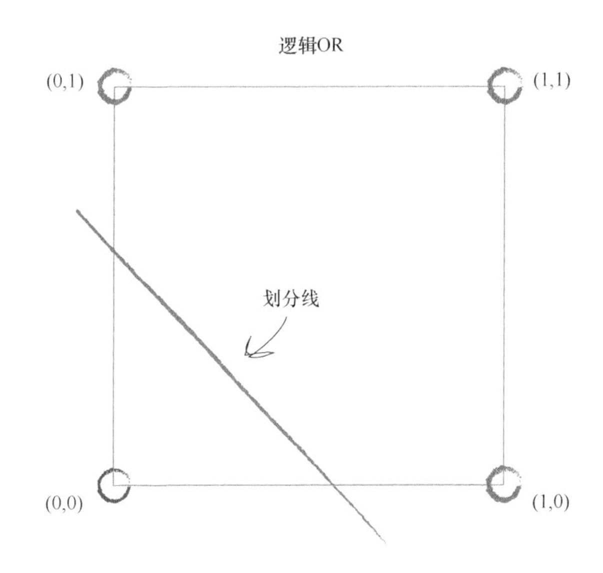

此时，由于仅有点（0,0）对应于输入 A 和 B 同时为假的情况，因此只有这个点是红色的。

所有其他的组合，至少有一个 A 或 B 为真，因此输出为真。这幅图的妙处在于，它清楚地表明了线性分类器也可以学习到布尔 OR 函数。

还有另一种布尔函数称为 XOR，这是 eXclusive OR（异或）的缩写，这种函数只有在 A 或 B 仅有一个为真但两个输入不同时为真的情况下，才输出为真。也就是说，当两个输入都为假或都为真时，输出为假。下表总结了这一点。

输入A	输入B	逻辑XOR
0	0	0
0	1	1
1	0	1
1	1	0

现在，观察这个函数的图，其中网格节点上的输出已经画上颜色了。

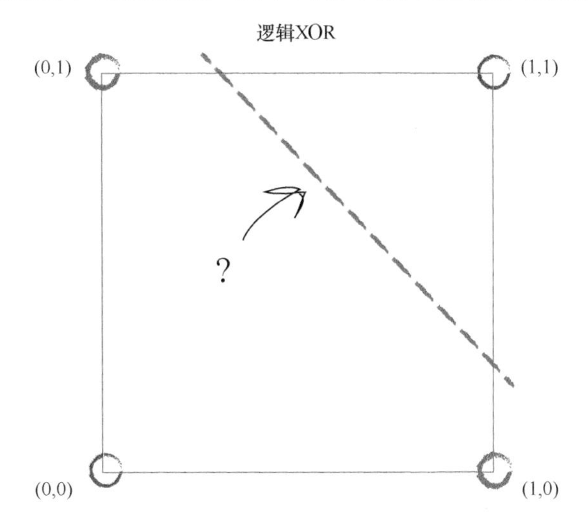

这是一个挑战！我们似乎不能只用一条单一的直线将红色区域和蓝色区域划分开来。

事实上，对于布尔XOR函数而言，不可能使用一条单一的直线成功地将红色区域和蓝色区域划分开来。也就是说，如果出现的是由XOR函数支配的训练数据，那么一个简单的线性分类器无法学习到布尔XOR函数。

我们已经说明了简单的线性分类器的一个主要限制。如果不能用一条直线把根本性的问题划分开来，那么简单的线性分类器是没有用处的。

在一些任务中，根本性问题不是线性可分的，也就是说单一的一条直线于事无补，而我们希望神经网络能够解决此类的任务。

因此，我们需要一种解决的办法。

好在解决的办法很容易，下图使用两条直线对不同的区域进行划分。这暗示了一种解决的办法，也就是说，我们可以使用多个分类器一起工作。这是神经网络的核心思想。你可以想象，多条直线可以分离出异常形状的区域，对各个区域进行分类。

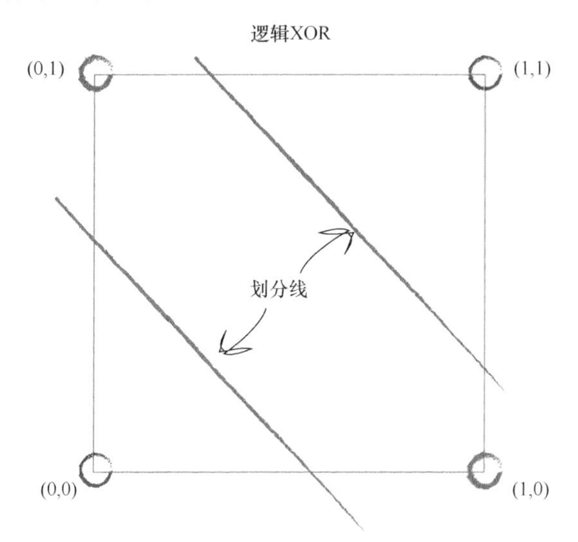

在我们深入探讨由多个分类器组合所构建的神经网络之前，让我们回归自然来观察动物的大脑，这些动物的大脑启发了神经网络的方法。

关键点

- 如果数据本身不是由单一线性过程支配，那么一个简单的线性分类器不能对数据进行划分。例如，由逻辑XOR运算符支配的数据说明了这一点。
- 但是解决方案很容易，你只需要使用多个线性分类器来划分由单一直线无法分离的数据。

1.6　神经元——大自然的计算机器

此前，我们曾表示，虽然一些计算机拥有大量的电子计算元件、巨大的存储空间，并且这些计算机的运行频率比肉蓬蓬、软绵绵的生物大脑要快得多，但是即使是像鸽子一样小的大脑，其能力也远远大于这些电子计算机，这使得科学家们对动物的大脑迷惑不解。

请读者将注意力转向架构的不同。传统的计算机按照严格的串行顺序，相当准确具体地处理数据。对于这些冰冷坚硬的计算机而言，不存在模糊性或不确定性。而另一方面，动物的大脑表面上看起来以慢得多的节奏运行，却似乎以并行方式处理信号，模糊性是其计算的一种特征。

让我们来观察生物大脑中的基本单元——神经元。

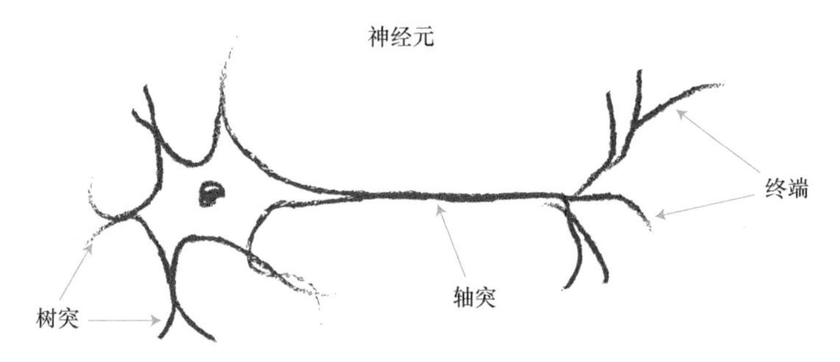

虽然神经元有各种形式，但是所有的神经元都是将电信号从一端传输到另一端，沿着轴突，将电信号从树突传到树突。然后，这些信号从一个神经元传递到另一个神经元。这就是身体感知光、声、触压、热等信号的机制。来自专门的感觉神经元的信号沿着神经系统，传输到大脑，而大脑本身主要也是由神经元构成的。

下面是由西班牙神经学家在1899年绘制的鸽子大脑的神经元草图。你可以看到关键部件——树突和终端。

我们需要多少个神经元才能执行相对复杂的有趣任务呢？

一般说来，能力非常强的人类大脑有大约1000亿个神经元！一只果蝇拥有约10万个神经元，能够飞翔、觅食、躲避危险、寻找食物以及执行许多相当复杂的任务。10万个神经元，这个数字恰好落在了现代计算机试图复制的范围内。一只线虫仅仅具有302个神经元，与今天的数字计算机资源相比，简直就是微乎其微！但是一只线虫能够完成一些相当有用的任务，而这任务对于尺寸大得多的传统计算机程序而言却难以完成。

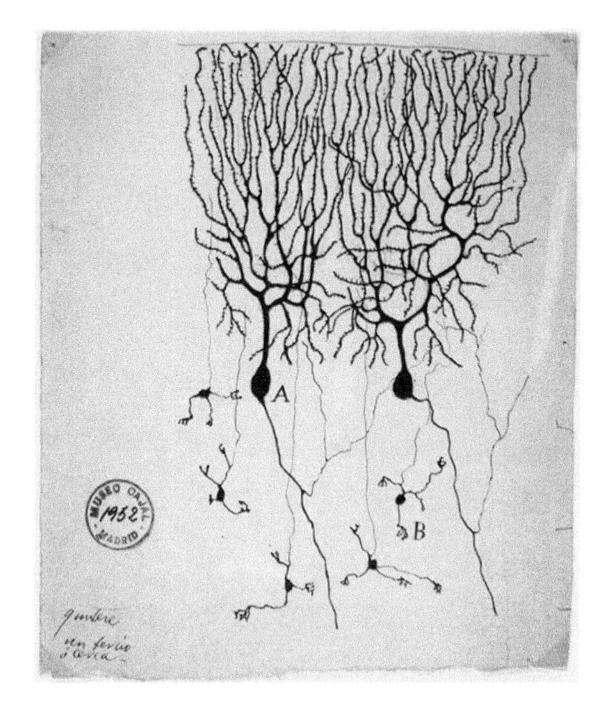

那么，其中有什么秘密吗？生物的大脑要慢得多，并且比起现代计算机，其计算元件相对较少，但是为什么生物的大脑却有如此能力呢？大脑的全部功能（例如意识）仍是一个谜，但是关于神经元能够使用不同方式进行计算，也就是不同的求解问题的方式，人类掌握的知识已经足够我们使用了。

因此，我们来看看一个神经元是如何工作的。它接受了一个电输入，输出另一个电信号。这看起来，与我们先前所观察的分类或预测的机器一模一样，这些机器也是接受了一个输入，进行一些处理，然后弹出一个输出。

因此，我们可以与以前一样，将神经元表示为线性函数吗？虽然这是个好主意，但是不可以这样做。生物神经元与简单的线性函数不一样，不能简单地对输入做出的响应，生成输出。也就是说，它的输出不能采用这种形式：输出 =（常数 * 输入）+（也许另一常数）。

观察表明，神经元不会立即反应，而是会抑制输入，直到输入增强，强大到可以触发输出。你可以这样认为，在产生输出之前，输入必须到达一个阈值。就像水在杯中——直到水装满了杯子，才可能溢出。直观上，这是有道理的——神经元不希望传递微小的噪声信号，而只是传递有意识的明显信号。下图说明了这种思想，只有输入超过了阈值（threshold），足够接通电路，才会产生输出信号。

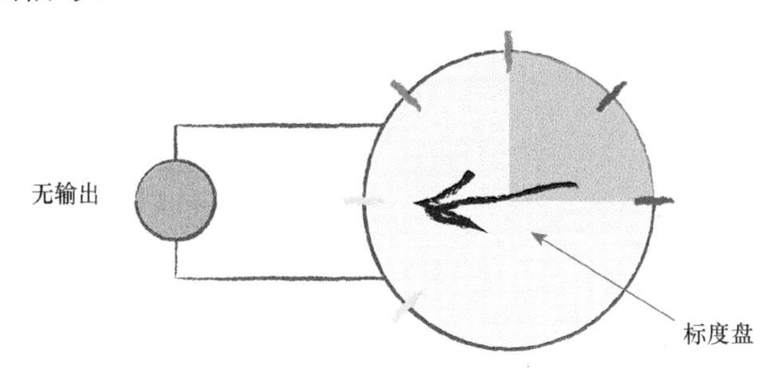

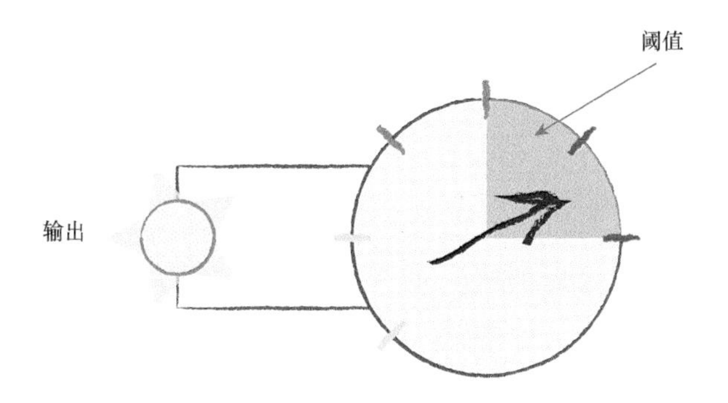

虽然这个函数接受了输入信号，产生了输出信号，但是我们要将某种称为激活函数的阈值考虑在内。在数学上，有许多激活函数可以达到这样的效果。一个简单的阶跃函数可以实现这种效果。

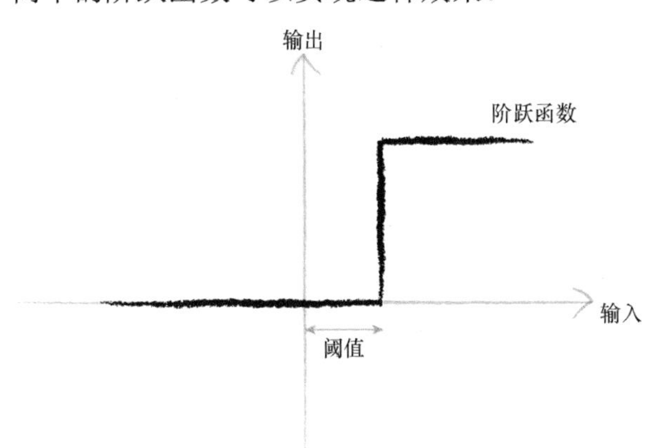

你可以看到，在输入值较小的情况下，输出为零。然而，一旦输入达到阈值，输出就一跃而起。具有这种行为的人工神经元就像一个真正的生物神经元。科学家所使用的术语实际上非常形象地描述了这种行为，他们说，输入达到阈值时，神经元就激发了。

我们可以改进阶跃函数。下图所示的 S 形函数称为 S 函数（sigmoid function）。这个函数，比起冷冰冰、硬邦邦的阶跃函数要相对平滑，这使得这个函数更自然、更接近现实。自然界很少有冰冷尖锐的边缘！

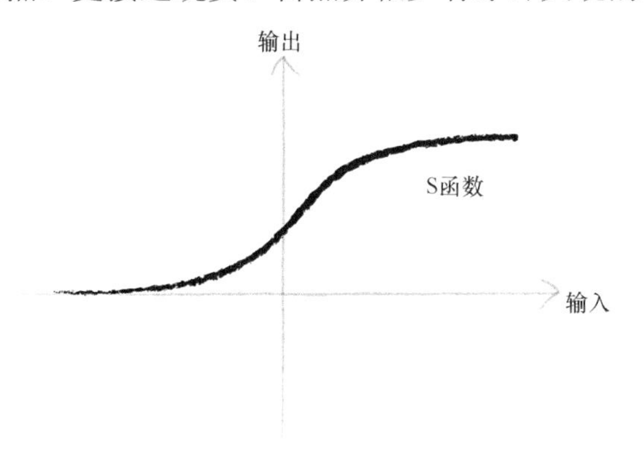

我们将继续使用这种平滑的 S 形函数制作神经网络。虽然人工智能研究人员还使用其他外形类似的函数，但是 S 函数简单，并且事实上非常常见，因此 S 函数对我们非常重要。

S 函数，有时也称为逻辑函数：

$$y = \frac{1}{1 + e^{-x}}$$

这个表达式乍看来比较可怕，其实也是“纸老虎”。字母 e 是数学常数 2.71828 ……，这是一个非常有趣的数字，出现在各种数学和物理学领域，我使用省略号的原因是，这是一个无限不循环小数。这样的数字有一个奇特的名字——超越数（transcendental number）。这很有趣，很好玩吧，但是出于我们的目的，你可以把它当作 2.71828。上面那个看起来有点可怕的函数先对输入 x 取反，计算出 e 的 $-x$ 次方，然后将所得到的结果加 1，得到 $1 + e^{-x}$；最后，对整个结果取倒数，也就是 1

除以 $1+e^{-x}$，做为输出值 y 给出。这就是上面那个看起来有点可怕的函数，它对输入的 x 进行操作，然后给出输出值 y。因此，这没有那么可怕。

有趣的是，由于任何数的 0 次方都等于 1，因此当 x 为 0 时，e^{-x} 为 1。因此 y 变成了 1/（1 + 1），为 1/2。此时，基本 S 形函数在 $y = ½$ 时，对 y 轴进行切分。

我们使用这种 S 函数，而不使用其他可以用于神经元输出的 S 形函数，还有另一个非常重要的原因，那就是，这个 S 函数比起其他 S 形函数计算起来容易得多，在后面的实践中，我们会看到为什么。

让我们回到神经元，并思考我们如何建模人工神经。

读者要认识到的第一件事情是生物神经元可以接受许多输入，而不仅仅是一个输入。刚才，我们观察了布尔逻辑机器有两个输入，因此，有多个输入的想法并不新鲜，并非不同寻常。

对于所有这些输入，我们该做些什么呢？我们只需对它们进行相加，得到最终总和，作为 S 函数的输入，然后输出结果。这实际上反映了神经元的工作机制。下图说明了这种组合输入，然后对最终输入总和使用阈值的思路。

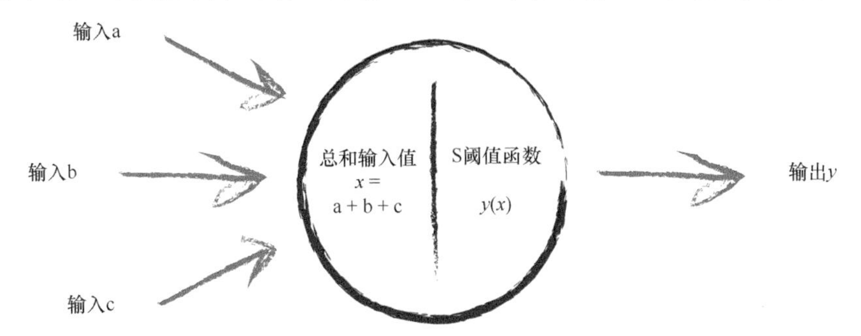

如果组合信号不够强大，那么 S 阈值函数的效果是抑制输出信号。如果总和 x 足够大，S 函数的效果就是激发神经元。有趣的是，如果只有其中一个输入足够大，其他输入都很小，那么这也足够激发神经元。更重要的是，如果其中一些输入，单个而言一般大，但不是非常大，这样由于信号的组合足够大，超过阈值，那么神经元也能激发。这给读者带来了一种直观的感觉，即这些神经元也可以进行一些相对复杂、在某种意义上有点模糊的计算。

树突收集了这些电信号，将其组合形成更强的电信号。如果信号足够强，超过阈值，神经元就会发射信号，沿着轴突，到达终端，将信号传递给下一个神经元的树突。下图显示了使用这种方式连接的若干神经元。

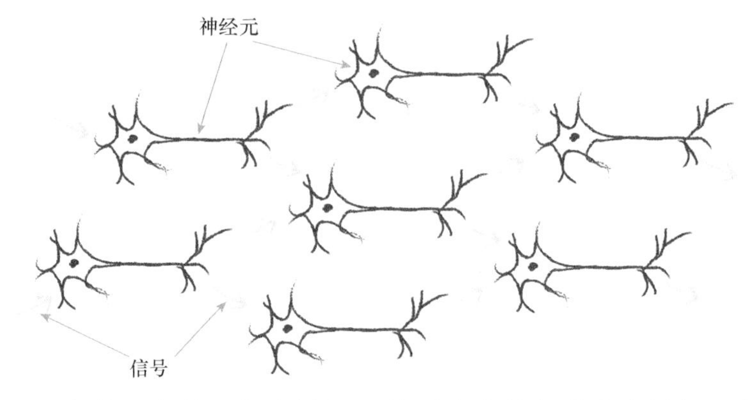

需要注意的一点是，每个神经元接受来自其之前多个神经元的输入，并且如果神经元被激发了，它也同时提供信号给更多的神经元。

将这种自然形式复制到人造模型的一种方法是，构建多层神经元，每一层中的神经元都与在其前后层的神经元互相连接。下图详细描述了这种思想。

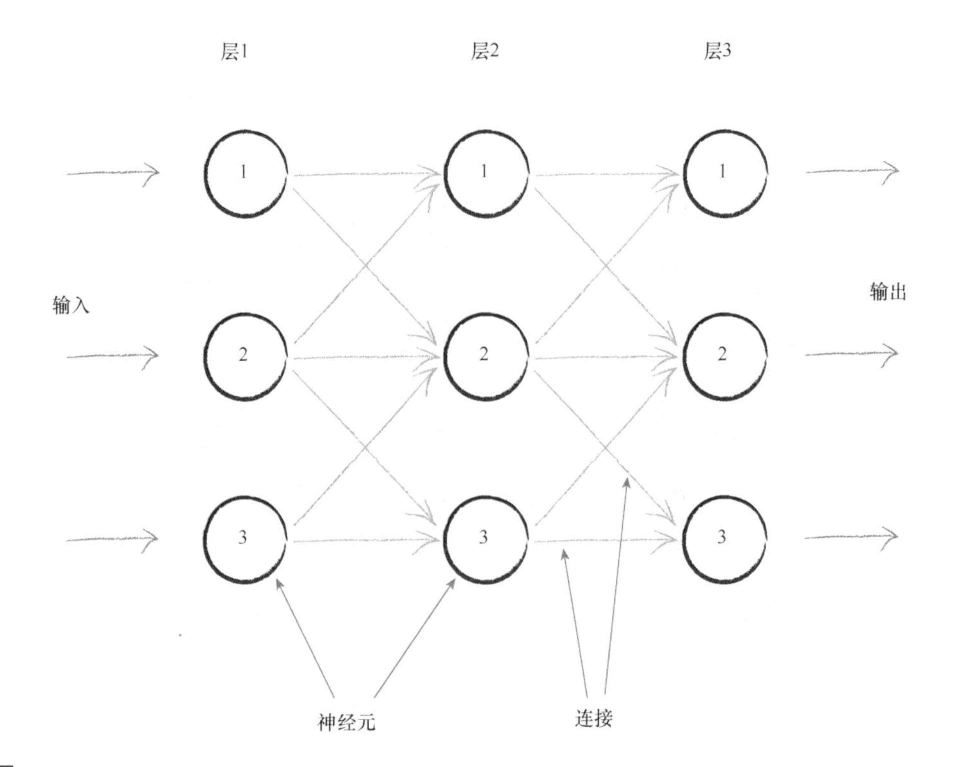

你可以看到三层神经元，每一层有三个人工神经元或节点。你还可以看到每个节点都与前一层或后续层的其他每一个节点互相连接。

这真是太棒了！但是，这看起来很酷的体系架构，哪一部分能够执行学习功能呢？针对训练样本，我们应该如何调整做出反应呢？有没有和先前线性分类器中的斜率类似的参数供我们调整呢？

最明显的一点就是调整节点之间的连接强度。在一个节点内，我们可以调整输入的总和或 S 阈值函数的形状，但是比起简单地调整节点之间的连接强度，调整 S 阈值函数的形状要相对复杂。

如果相对简单的方法可以工作，那么请坚持这种方法！下图再一次显示了连接的节点，但是这次在每个连接上显示了相关的权重。较小的权重将弱化信号，而较大的权重将放大信号。

此处，我需要解释一下权重符号旁边的有趣小数字（即下标）。简单说来，权重 $w_{2,3}$ 与前一层节点 2 传递给下一层的节点 3 的信号相关联。因此，权重 $w_{1,2}$ 减小或放大节点 1 传递给下一层节点 2 的信号。为了详细说明这种思路，下图突出显示了第一层和第二层之间的两条连接。

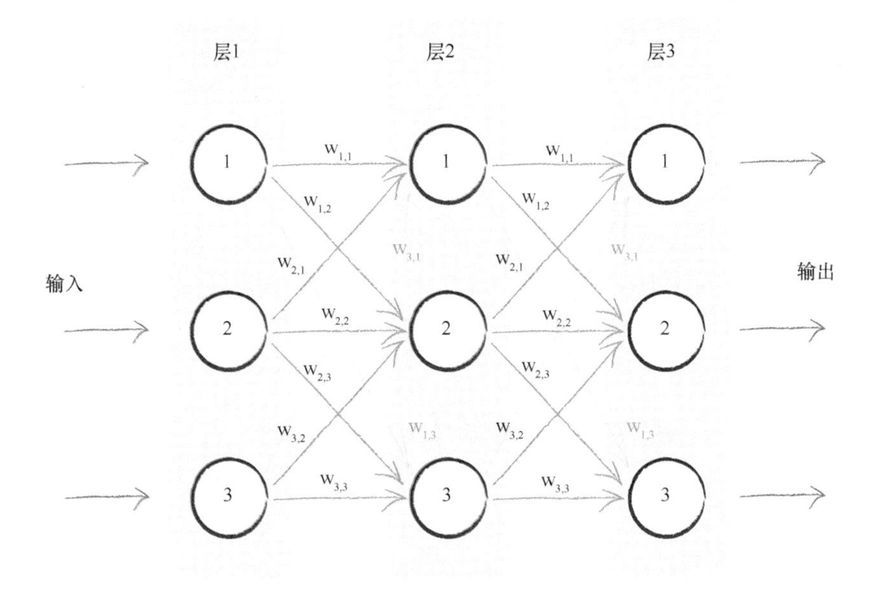

你可能有充分的理由来挑战这种设计，质问为什么必须把前后层的每一个神经元与所有其他层的神经元互相连接，并且你甚至可以提出各种创

造性的方式将这些神经元连接起来。我们不采用创造性的方式将神经元连接起来，原因有两点，第一是这种一致的完全连接形式事实上可以相对容易地编码成计算机指令，第二是神经网络的学习过程将会弱化这些实际上不需要的连接（也就是这些连接的权重将趋近于 0），因此对于解决特定任务所需最小数量的连接冗余几个连接，也无伤大雅。

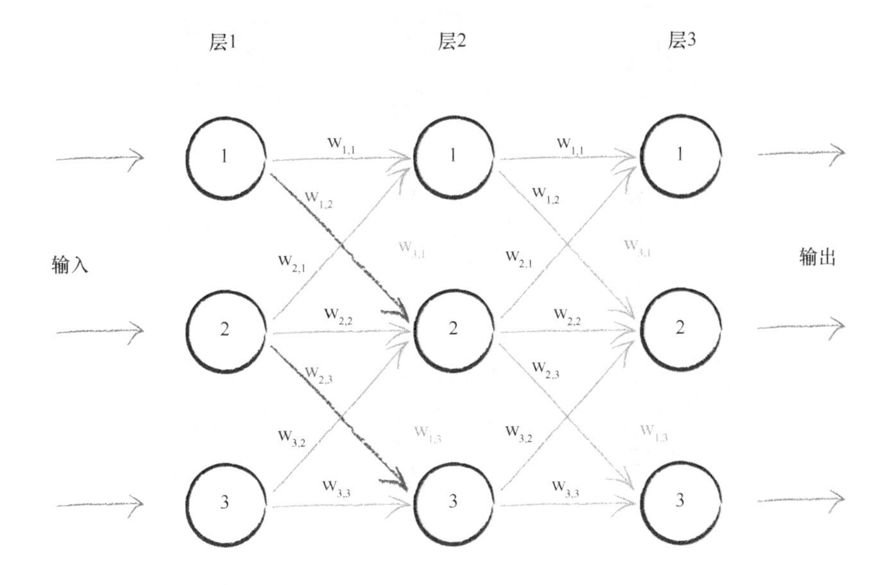

说起这个，我们的意思是什么呢？这意味着，随着神经网络学习过程的进行，神经网络通过调整优化网络内部的链接权重改进输出，一些权重可能会变为零或接近于零。零或几乎为零的权重意味着这些链接对网络的贡献为零，因为没有传递信号。零权重意味着信号乘以零，结果得到零，因此这个链接实际上是被断开了。

关键点

- 虽然比起现代计算机，生物大脑看起来存储空间少得多，运行速度比较慢，但是生物大脑却可以执行复杂的任务，如飞行、寻找食物、学习语言和逃避天敌。

- 相比于传统的计算机系统，生物大脑对损坏和不完善信号具有难以置信的弹性。
- 由互相连接的神经元组成的生物大脑是人工神经网络的灵感来源。

1.7 在神经网络中追踪信号

每个神经元都与其前后层的每个神经元相互连接的三层神经元图片，看起来让人相当惊奇。

但是，计算信号如何经过一层一层的神经元，从输入变成输出，这个过程似乎有点令人生畏，这好像是一种非常艰苦的工作。

即使此后，我们将使用计算机做这些工作，但是我认为，这仍然是一项艰苦的工作。但是这对说明神经网络如何工作非常重要，这样我们就可以知道在神经网络内部发生了什么事情。因此，我们尝试使用只有两层、每层两个神经元的较小的神经网络，来演示神经网络如何工作，如下图所示。

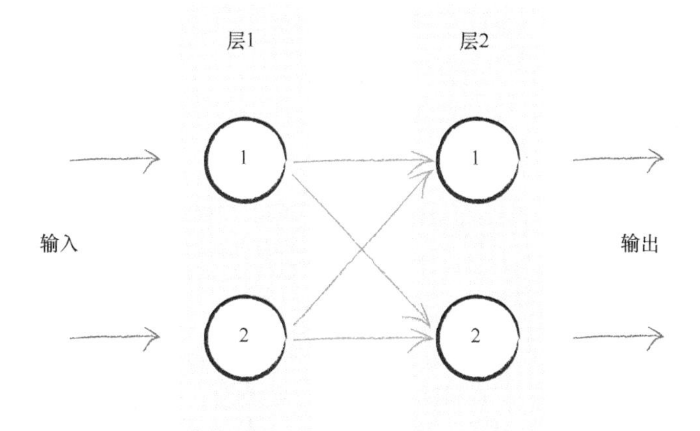

让我们想象一下，两个输入值分别为1.0和0.5。这些值输入到这个较小的神经网络，如下图所示。

每个节点使用激活函数，将输入转变成输出。我们还将使用先前看到的S函数 $y = 1/(1 + e^{-x})$，其中神经元输入信号的总和为 x，神经元输出为 y。

权重是什么？权重的初始值应该为多少？这是一个很好的问题。让我们使用一些随机权重：

- $w_{1,1} = 0.9$
- $w_{1,2} = 0.2$

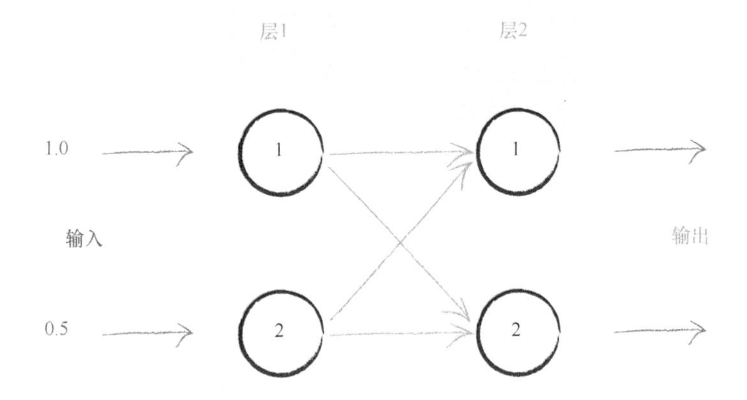

- $w_{2,1} = 0.3$
- $w_{2,2} = 0.8$

随机初始值是个不错的主意，这也是我们在先前简单的线性分类器中选择初始斜率值时所做的事情。随着分类器学习各个样本，随机值就可以得到改进。对于神经网络链接的权重而言，这也是一样的。

在这个小型的神经网络中，由于连接每一层中两个节点的组合就只有四种连接方式，因此只有四个权重。下图标出了我们当前所知的所有数字。

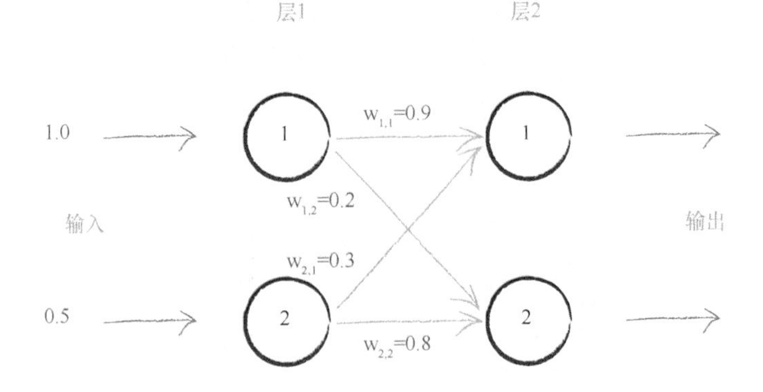

让我们开始计算吧！

第一层节点是输入层，这一层不做其他事情，仅表示输入信号。也就是说，输入节点不对输入值应用激活函数。这没有什么其他奇妙的原因，自然而然地，历史就是这样规定的。神经网络的第一层是输入层，这层所做的所有事情就是表示输入，仅此而已。

第一层输入层很容易，此处，无需进行计算。

接下来的第二层，我们需要做一些计算。对于这一层的每个节点，我们需要算出组合输入。还记得 S 函数 $y = 1 / (1 + e^{-x})$ 吗？这个函数中的 x 表示一个节点的组合输入。此处组合的是所连接的前一层中的原始输出，但是这些输出得到了链接权重的调节。下图就是我们先前所看到的一幅图，但是现在，这幅图包括使用链接权重调节输入信号的过程。

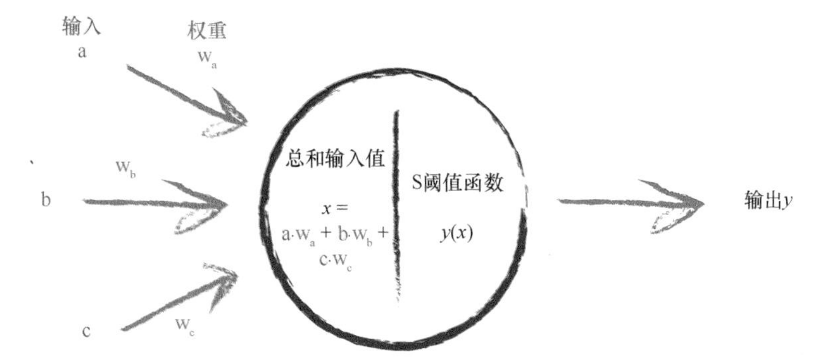

因此，首先让我们关注第二层的节点 1。第一层输入层中的两个节点连接到了这个节点。这些输入节点具有 1.0 和 0.5 的原始值。来自第一个节点的链接具有 0.9 的相关权重，来自第二个节点的链接具有 0.3 的权重。因此，组合经过了权重调节后的输入，如下所示：

x =（第一个节点的输出 * 链接权重）+（第二个节点的输出 * 链接权重）

$$x = (1.0 * 0.9) + (0.5 * 0.3)$$

$$x = 0.9 + 0.15$$

$$x = 1.05$$

我们不希望看到：不使用权重调节信号，只进行一个非常简单的信号相加 1.0 + 0.5。权重是神经网络进行学习的内容，这些权重持续进行优化，得到越来越好的结果。

因此，现在，我们已经得到了 x=1.05，这是第二层第一个节点的组合调节输入。最终，我们可以使用激活函数 $y = 1 / (1 + e^{-x})$ 计算该节点的输出。你可以使用计算器来进行这个计算。答案为 $y = 1 / (1 + 0.3499) = 1 / 1.3499$。因此，$y = 0.7408$。

这个工作真是太伟大了！现在，我们得到了神经网络两个输出节点中的一个的实际输出。

让我们继续计算剩余的节点，即第二层第二个节点。组合调节输入 x 为：

x =（第一个节点的输出 * 链接权重）+（第二个节点的输出 * 链接权重）

$$x = (1.0 * 0.2) + (0.5 * 0.8)$$

$$x = 0.2 + 0.4$$

$$x = 0.6$$

因此，现在我们可以使用 S 激活函数 $y = 1/(1 + 0.5488) = 1/1.5488$ 计算节点输出，得到 $y = 0.6457$。

下图显示了我们刚刚计算得到的网络输出。

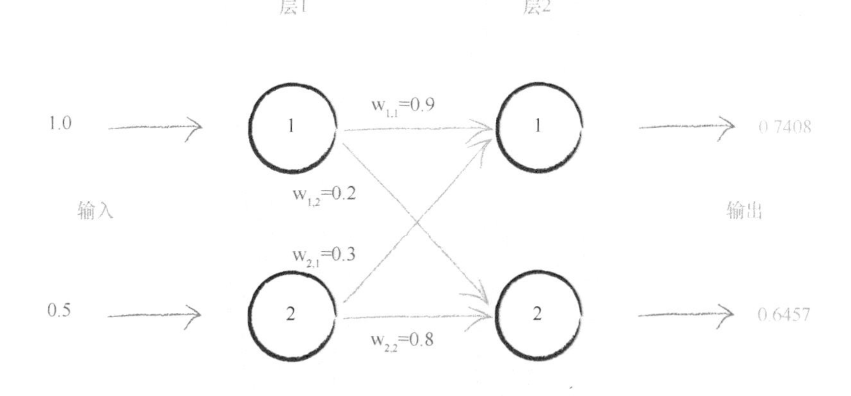

从一个非常简化的网络得到两个输出值，这个工作量相对较小。对于一个相对较大的网络，我不希望使用手工进行计算！好在计算机在进行大量计算方面表现非常出色，并且不知疲倦和厌烦。

即便如此，对于具有多于两层，每一层有 4、8 甚至 100 个节点的网络，我也不希望编写计算机指令来对这样的网络进行计算。即使只是写出所有层次和节点的计算指令，也会让我感到枯燥，让我犯错，更不用说手工进行这些计算了。

好在，即使是面对一个具有很多层、众多节点的神经网络，数学可以帮助我们以非常简洁的方式写下计算出所有输出值的指令。由于这种简洁性，指令变得非常短，执行起来也更有效率，因此这种简洁性不仅仅对人类读者有益处，对计算机而言，也一样大有裨益。

这一简洁方法就是使用矩阵，接下来，我们就来看看矩阵。

1.8 平心而论，矩阵乘法大有用途

矩阵有着让人闻风丧胆的声誉。它们唤起了我们的记忆，让我们记起在学校进行矩阵乘法时，那种让人咬牙切齿、枯燥费力的工作，以及那毫无意义的时间一小时一小时地流逝。

先前，我们手工对两层、每一层只有两节点的神经网络进行计算。对人类而言，这样的工作量也是足够大了，但是，请你想象一下，我们要对五层、每层 100 个节点的网络进行相同的计算，这是一种什么感受？单单是写下所有必要的计算，也是一个艰巨的任务……对每一层每一个节点，计算所有这些组合信号的组合，乘以正确的权重，应用 S 激活函数……

那么，矩阵如何帮助我们简化计算呢？其实，矩阵在两个方面帮助了我们。首先，矩阵允许我们压缩所有这些计算，把它们变成一种非常简单的缩写形式。由于人类不擅长于做大量枯燥的工作，而且也很容易出错，因此矩阵对人类帮助很大。第二个好处是，许多计算机编程语言理解如何与矩阵一起工作，计算机编程语言能够认识到实际的工作是重复性的，因此能够高效高速地进行计算。

总之，矩阵允许我们简洁、方便地表示我们所需的工作，同时计算机可以快速高效地完成计算。

尽管我们在学校学习矩阵时有一段痛苦的经历，但是现在大家知道我们为什么要使用矩阵了吧。让我们开始使用矩阵，揭开矩阵的神秘面纱。

矩阵仅仅是一个数字表格、矩形网格而已。对于矩阵而言，没有更多复杂的内容了。

如果你使用过电子表格，那么你已经习惯了与排列成网格的数字打交道了。下图显示了带有数字的电子表格。

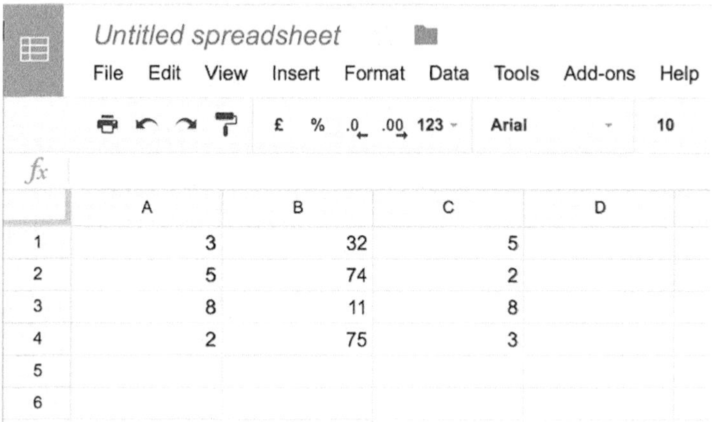

Untitled spreadsheet

File Edit View Insert Format Data Tools Add-ons Help

	A	B	C	D
1	3	32	5	
2	5	74	2	
3	8	11	8	
4	2	75	3	
5				
6				

这就是一个矩阵，它就是一张表格或一个数字网格，与下面大小为“2 乘以 3”的示例矩阵一样。

$$\begin{pmatrix} 23 & 43 & 22 \\ 43 & 12 & 54 \end{pmatrix}$$

第一个数字代表行，第二个数字代表列，这是约定，因此，我们不说这是“3 乘以 2”的矩阵，而是说这是“2 乘以 3”的矩阵。

此外，一些人使用方括号表示矩阵，另一些人与我们一样，使用圆括号表示矩阵。

其实，矩阵的元素也不必是数字，它们也可以是我们命名的、但还未赋予实际的数值的一个量。因此，以下是这样一个矩阵：每个元素都是一个变量，具有一定的意义。虽然每个元素也可以具有一个数字数值，但是我们只是还未说明这些数值为多少。

$$\begin{pmatrix} \text{longitude of ship} & \text{longitude of plane} \\ \text{lattitude of ship} & \text{lattitude of plane} \end{pmatrix}$$

矩阵对我们很有用处，让我们看看它们是如何相乘的。你可能还记得我们在学校时是如何进行矩阵计算的；如果你还没有这种经历，让我们再演示一遍。

下面是两个简单矩阵相乘的一个示例。

$$\begin{pmatrix} 1 & 2 \\ 3 & 4 \end{pmatrix} \begin{pmatrix} 5 & 6 \\ 7 & 8 \end{pmatrix} = \begin{pmatrix} (1*5)+(2*7) & (1*6)+(2*8) \\ (3*5)+(4*7) & (3*6)+(4*8) \end{pmatrix}$$

$$= \begin{pmatrix} 19 & 22 \\ 43 & 50 \end{pmatrix}$$

你可以观察到，我们并不是简单地将对应的元素进行相乘。左上角的答案不是 1 × 5，右下角的答案也不是 4×8。

相反，矩阵使用不同的规则进行乘法运算。通过观察上面的示例，你可以得出这些规则。如果你不能总结出这些规则，那么请仔细观察下图，下图中突出显示了答案中左上角的元素是如何计算得出的。

$$\begin{pmatrix} 1 & 2 \\ 3 & 4 \end{pmatrix} \begin{pmatrix} 5 & 6 \\ 7 & 8 \end{pmatrix} = \begin{pmatrix} (1*5)+(2*7) & (1*6)+(2*8) \\ (3*5)+(4*7) & (3*6)+(4*8) \end{pmatrix}$$

$$= \begin{pmatrix} 19 & 22 \\ 43 & 50 \end{pmatrix}$$

你可以看到，左上角的元素是通过第一个矩阵的顶行和第二个矩阵的左列计算得出的。顺着这些行和列，将你遇到的元素进行相乘，并将所得到的值加起来。因此，为了计算左上角元素的答案，我们开始沿着第一个矩阵的第一行移动，我们找到数字 1，当我们开始沿着第二个矩阵的左列移动，我们找到数字 5，我们将 1 和 5 相乘，得到 5。我们继续沿着行和列移动，找到数字 2 和 7，将 2 和 7 相乘，我们得到 14，保留这个数字。

我们已经到达了行和列的末尾，因此我们将所有得到的数字相加，即 5 + 14，得到 19。这就是结果矩阵中左上角的元素。

虽然这描述起来非常啰嗦，但是，在操作时，这很容易观察得到。你自己可以试一试。下面，我们介绍右下角元素是如何计算得出的。

同样，在下图中，你可以观察到我们尝试计算的所对应的行和列（在这个示例中，是第二行和第二列），我们得到（3×6）和（4×8），最后得到 18 + 32 = 50。

$$\begin{pmatrix} 1 & 2 \\ 3 & 4 \end{pmatrix} \begin{pmatrix} 5 & 6 \\ 7 & 8 \end{pmatrix} = \begin{pmatrix} (1*5)+(2*7) & (1*6)+(2*8) \\ (3*5)+(4*7) & (3*6)+(4*8) \end{pmatrix}$$

$$= \begin{pmatrix} 19 & 22 \\ 43 & 50 \end{pmatrix}$$

左下角的元素计算公式为（3 * 5）+（4 * 7）= 15 + 28 = 43。同样地，右上角元素的计算公式为（1 * 6）+（2 * 8）= 6 + 16 = 22。

下面我们使用变量，而不是数字，来详细说明规则。

$$\begin{pmatrix} a & b & .. \\ c & d & .. \end{pmatrix} \begin{pmatrix} e & f \\ g & h \\ .. & .. \end{pmatrix} = \begin{pmatrix} (a*e)+(b*g)+... & (a*f)+(b*h)+... \\ (c*e)+(d*g)+... & (c*f)+(d*h)+... \end{pmatrix}$$

$$= \begin{pmatrix} ae+bg+... & af+bh+... \\ ce+dg+... & cf+dh+... \end{pmatrix}$$

这是我们说明矩阵相乘方法的另一种方式。使用代表任意数字的字母，我们可以更加清晰地理解矩阵相乘的一般规则。这种规则可以应用到各种大小的矩阵上，因此是一种通用规则。

虽然我们说这种方法适用于不同大小的矩阵，但这里有一个重要的限制。你不能对两个任意矩阵进行乘法运算，这两个矩阵需要互相兼容。你可能已经观察到了，第一个矩阵的行和第二个矩阵的列，这两者应该是互相匹配的。如果行元素的数量与列元素的数量不匹配，那么这种方法就行不通了。因此，你不能将“2 乘以 2”的矩阵与“5 乘以 5”的矩阵相乘。你可以尝试一下，就明白为什么这行不通了。为了能够进行矩阵相乘，第一个矩阵中的列数目应该等于第二个矩阵中的行数目。

在一些书籍中，你会看到这样的矩阵乘法称为点乘（dot product）或内积（inner product）。实际上，对于矩阵而言，有不同类型的乘法，如叉乘，但是我们此处所指的是点乘。

为什么我们要讨论让人望而生畏的矩阵乘法和令人反感的代数呢？这看起来像是一个“无底洞”。这里有一个非常重要的理由……我们先暂且不提！

请仔细观察，如果我们将字母换成对神经网络更有意义的单词，那么会发生什么情况呢？虽然第二个矩阵是 2 乘以 1 的矩阵，但是乘法规则是相同的。

$$\begin{pmatrix} w_{1,1} & w_{2,1} \\ w_{1,2} & w_{2,2} \end{pmatrix} \begin{pmatrix} input\_1 \\ input\_2 \end{pmatrix} = \begin{pmatrix} (input\_1 * w_{1,1}) + (input\_2 * w_{2,1}) \\ (input\_1 * w_{1,2}) + (input\_2 * w_{2,2}) \end{pmatrix}$$

见证奇迹的时刻到来了！

第一个矩阵包含两层节点之间的权重。第二个矩阵包含第一层输入层的信号。通过两个矩阵相乘，我们得到的答案是输入到第二层节点组合调节后的信号。仔细观察，你就会明白这点。由权重 $w_{1,1}$ 调节的 input_1 加上由权重 $w_{2,1}$ 调节的 input_2，就是第二层第一个节点的输入值。这些值就是在应用 S 函数之前的 x 的值。

下图非常清楚地显示了这一点。

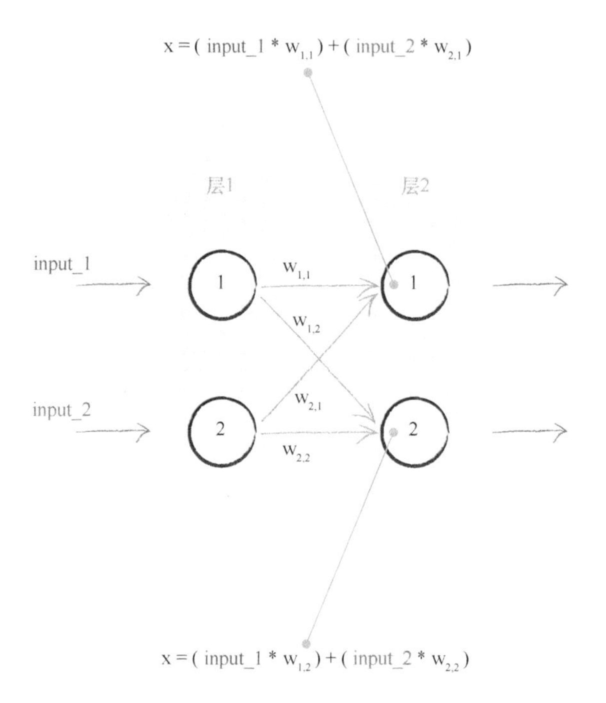

这真的非常有用啊！

为什么呢？因为我们可以使用矩阵乘法表示所有计算，计算出组合调节后的信号 x，输入到第二层的节点中。我们可以使用下式，非常简洁地表示：

$$X = W \cdot I$$

此处，W 是权重矩阵，I 是输入矩阵，X 是组合调节后的信号，即输入到第二层的结果矩阵。矩阵通常使用斜体显示，表示它们是矩阵，而不是单个数字。

现在，我们不需要在乎每一层有多少个节点。如果我们有较多的节点，那么矩阵将会变得较大。但是，我们不需要写出长长的一串数字或大量的文字。我们可以简单地写为 $W \cdot I$，不管 I 有 2 个元素还是有 200 个元素。

现在，如果计算机编程语言可以理解矩阵符号，那么计算机就可以完成所有这些艰辛的计算工作，算出 $X = W \cdot I$，而无需我们对每一层的每个节点给出单独的计算指令。

这真是太棒了！只要努力一点，理解矩阵乘法，就可以找到如此强大的工具，这样我们无需花费太多精力就可以实现神经网络了。

有关激活函数，我们该了解些什么呢？激活函数其实很简单，并不需要矩阵乘法。我们所需做的，是对矩阵 X 的每个单独元素应用 S 函数 $y = 1 / (1 + e^{-x})$。

此处，我们不需要组合来自不同节点的信号，我们已经完成了这种操作，答案就在 X 中。虽然这听起来如此简单，但是这是正确的。正如我们先前看到的，激活函数只是简单地应用阈值，使反应变得更像是在生物神经元中观察到的行为。因此，来自第二层的最终输出是：

$$O = \text{sigmoid}\,(X)$$

斜体的 O 代表矩阵，这个矩阵包含了来自神经网络的最后一层中的所有输出。

表达式 $X = W \cdot I$ 适用于前后层之间的计算。比如说，我们有 3 层，我们简单地再次进行矩阵乘法，使用第二层的输出作为第三层的输入。当然，这个输出应该使用权重系数进行调节并进行组合。

理论已经足够了，现在，让我们看看这如何在一个真实示例中工作。这一次，我们将使用 3 层、每一层有 3 个节点的、稍大一点的神经网络。

关键点

- 通过神经网络向前馈送信号所需的大量运算可以表示为矩阵乘法。
- 不管神经网络的规模如何，将输入输出表达为矩阵乘法，使得我们可以更简洁地进行书写。
- 更重要的是，一些计算机编程语言理解矩阵计算，并认识到潜在的计算方法的相似性。这允许计算机高速高效地进行这些计算。

1.9 使用矩阵乘法的三层神经网络示例

我们还没有演示过使用矩阵进行计算得到经由神经网络馈送的信号，我们也没有演示过多于 2 层的神经网络示例。在这个示例中，我们需要观察如何处理中间层的输出以作为最后第三层的输入，因此这个示例一定非常有趣。

下图显示了具有 3 层、每层具有 3 个节点的神经网络示例。为了保证图的清晰，我们并没有标上所有的权重。

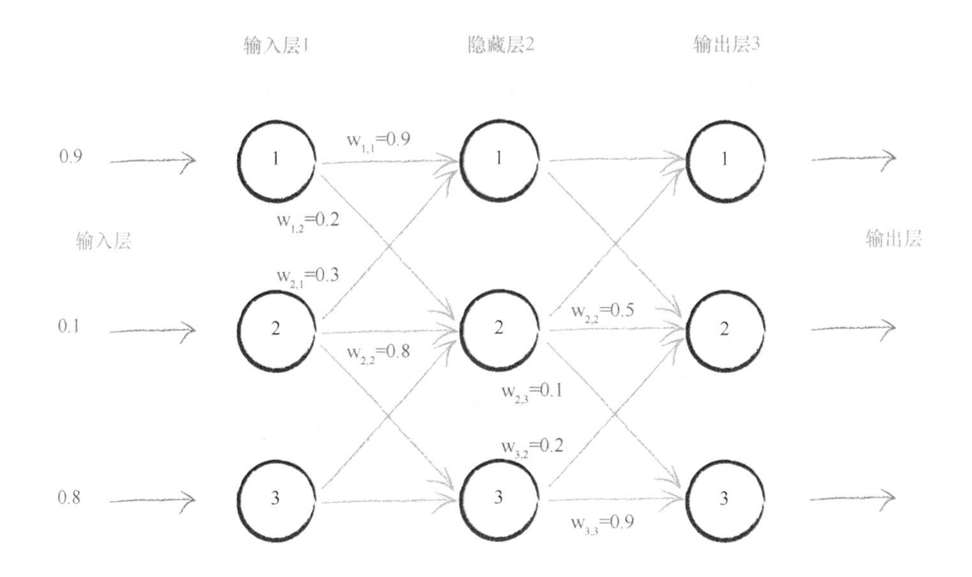

此处，我们要向大家介绍一些常用的术语。正如我们所知道的，第一层为输入层，最后一层为输出层，中间层我们称之为隐藏层。虽然隐藏层听起来很神秘、很黑暗，但是很遗憾，我们这样称呼中间层，其理由并不神秘。中间层的输出不需要很明显地表示为输出，因此我们称之为“隐藏”层。当然，这个解释有点牵强，然而，我们对这个名称没有更好的解释了。

让我们演示一下图中所描述的示例网络。我们观察到了 3 个输入是 0.9、0.1 和 0.8。因此，输入矩阵 I 为：

$$I = \begin{pmatrix} 0.9 \\ 0.1 \\ 0.8 \end{pmatrix}$$

这很简单。这是输入层所做的所有事情，就是表示输入，因此我们已经完成了第一层输入层。

接下来是中间的隐藏层。在这里，我们需要计算出输入到中间层每个节点的组合（调节）信号。请记住，中间隐藏层的每个节点都与输入层的每个节点相连，因此每个节点都得到输入信号的部分信息。我们不想再像先前那样做大量的计算，我们希望尝试这种矩阵的方法。

正如我们刚才看到的，输入到中间层的组合调节信号为$X = W \cdot I$，其中I为输入信号矩阵，W为权重矩阵。这个神经网络的I、W是什么样的呢？图中显示了这个神经网络的一些权重，但是并没有显示所有的权重。下图显示了所有的权重，同样，这些数字是随机列举的。在这个示例中，权重没有什么特殊的含义。

$$W_{input\_hidden} = \begin{pmatrix} 0.9 & 0.3 & 0.4 \\ 0.2 & 0.8 & 0.2 \\ 0.1 & 0.5 & 0.6 \end{pmatrix}$$

你可以看到，第一个输入节点和中间隐藏层第一个节点之间的权重为$w_{1,1} = 0.9$，正如上图中的神经网络所示。同样，你可以看到输入的第二节点和隐藏层的第二节点之间的链接的权重为$w_{2,2} = 0.8$。图中并没有显示输入层的第三个节点和隐藏层的第一个节点之间的链接，我们随机编了一个权重$w_{3,1} = 0.4$。

但是等等，为什么这个W的下标我们写的是“input_hidden”呢？这是因为W_{input_hidden}是输入层和隐藏层之间的权重。我们需要另一个权重矩阵来表示隐藏层和输出层之间的链接，这个矩阵我们称之为W_{hidden_output}。

下图显示的是第二个矩阵W_{hidden_output}，如先前一样，矩阵中填写了权重。举个例子，同样你可以看到，隐藏层第三个节点和输出层第三个节点之间链接的权重为$w_{3,3} = 0.9$。

$$W_{hidden\_output} = \begin{pmatrix} 0.3 & 0.7 & 0.5 \\ 0.6 & 0.5 & 0.2 \\ 0.8 & 0.1 & 0.9 \end{pmatrix}$$

太棒了，我们已经得到了排列整齐的权重矩阵。

让我们一起继续算出输入到隐藏层的组合调节输入值。我们应该给这个输入值一个名称，考虑到这个组合输入是到中间层，而不是最终层，因此，我们将它称为 X_{hidden}。

$$X_{\text{hidden}} = W_{\text{input\_hidden}} \cdot I$$

此处我们不打算进行完整的矩阵乘法运算，因为那正是矩阵的用武之地。我们希望使用计算机进行费力的数字运算。计算出的答案如下图所示。

$$X_{hidden} = \begin{pmatrix} 0.9 & 0.3 & 0.4 \\ 0.2 & 0.8 & 0.2 \\ 0.1 & 0.5 & 0.6 \end{pmatrix} \cdot \begin{pmatrix} 0.9 \\ 0.1 \\ 0.8 \end{pmatrix}$$

$$X_{hidden} = \begin{pmatrix} 1.16 \\ 0.42 \\ 0.62 \end{pmatrix}$$

我使用计算机进行了这个工作，在本书的第 2 章，我们将一同学习如何使用 Python 编程语言进行这项工作。现在，我们不希望由于计算机软件而分心，因此我们暂时不进行这个工作。

我们已经拥有了输入到中间隐藏层的组合调节输入值，它们为 1.16、0.42 和 0.62。我们使用矩阵这个工具来完成这种复杂的工作，这是值得我们自豪的一个成就。

让我们可视化这些输入到第二层隐藏层的组合调节输入。

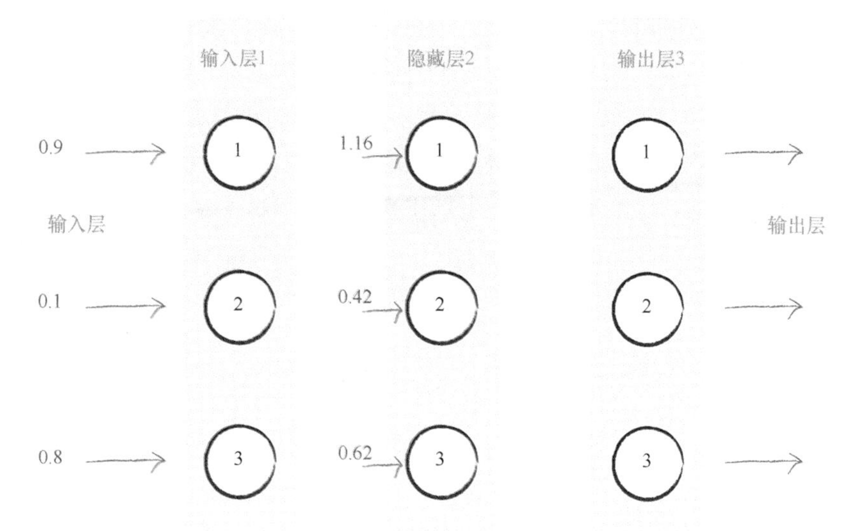

虽然到目前为止，一切都还顺利，但是，我们还有更多的工作要做。我们对这些节点应用了 S 激活函数，使得节点对信号的反应更像自然界中节点的反应，你应该记得这一点吧！因此，现在，我们进行这个操作：

$$O_{\text{hidden}} = \text{sigmoid}(X_{\text{hidden}})$$

在 X_{hidden} 层中的元素上应用 S 函数，生成中间隐藏层输出矩阵。

$$O_{\text{hidden}} = \text{sigmoid}\begin{pmatrix} 1.16 \\ 0.42 \\ 0.62 \end{pmatrix}$$

$$O_{\text{hidden}} = \begin{pmatrix} 0.761 \\ 0.603 \\ 0.650 \end{pmatrix}$$

让我们检查第一个元素，确定一下过程。S 函数为 $y = 1/(1 + e^{-x})$，因此，当 $x = 1.16$ 时，$e^{-1.16}$ 是 0.3135。这意味着 $y = 1/(1 + 0.3135) = 0.761$。

你会看到，S 函数的值域在 0 和 1 之间，所有的值都处在这个区间。

如果你回头看看逻辑函数的图形，也可以直观地看到这一点。

唷！让我们再次暂停，看看我们已经完成的事情。当信号通过中间层时，我们对这些信号进行了计算，也就是说我们计算出了中间层的输出值。这个过程是非常清晰的，也就是应用激活函数到中间层的组合输入信号上。让我们使用这个新信息，更新下图。

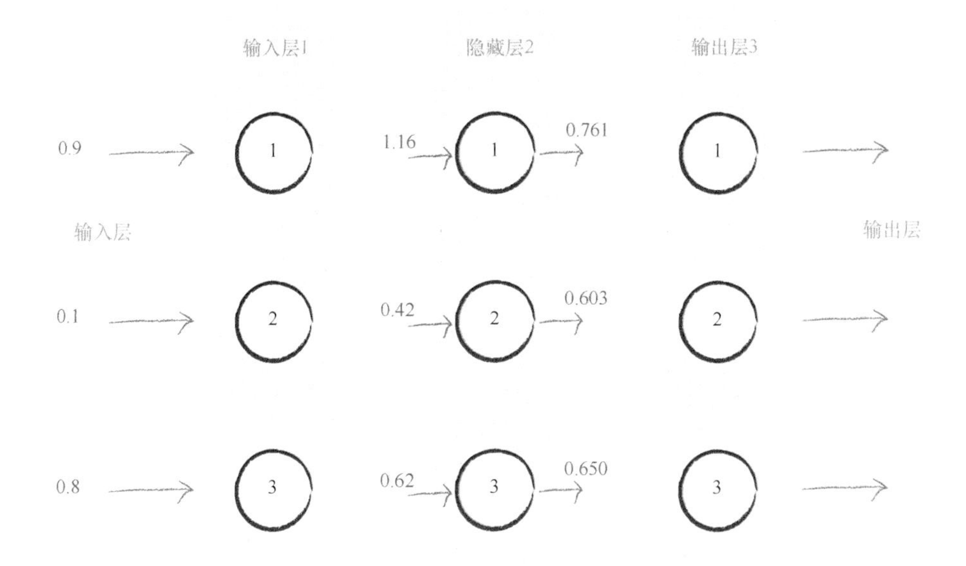

如果这只是一个两层的神经网络，那么这些就是第二层的输出值，我们现在就可以停止计算了。但是，由于还有第三层，我们不能在此处停止计算。

我们如何处理通过第三层的信号呢？我们可以采用与处理第二层信号相同的方式进行处理，这没有任何实质的区别。我们仍然可以得到第三层的输入信号，就像我们得到第二层的输入信号一样。我们依然使用激活函数，使得节点的反应与我们在自然界中所见到的一样。因此，需要记住的事情是，不管有多少层神经网络，我们都“一视同仁”，即组合输入信号，应用链接权重调节这些输入信号，应用激活函数，生成这些层的输出信号。我们不在乎是在计算第 3 层、第 53 层或是第 103 层的信号，使用的方法如出一辙。

因此，让我们扬帆起航，与我们以前所做的一样，继续计算最终层的组合调节输入 $X = W \cdot I$。

这一层的输入信号是第二层的输出信号，也就是我们刚刚解出的 O_{hidden}。

所使用的权重就是第二层和第三层之间的链接权重 $W_{\text{hidden\_output}}$，而不是第一层和第二层之间的链接权重。因此，我们得到：

$$X_{\text{output}} = W_{\text{hidden\_output}} \cdot O_{\text{hidden}}$$

因此，使用同样的方式计算出这个矩阵，这样我们得到了最后一层输出层的组合调节输入信号。

$$X_{output} = \begin{pmatrix} 0.3 & 0.7 & 0.5 \\ 0.6 & 0.5 & 0.2 \\ 0.8 & 0.1 & 0.9 \end{pmatrix} \cdot \begin{pmatrix} 0.761 \\ 0.603 \\ 0.650 \end{pmatrix}$$

$$X_{output} = \begin{pmatrix} 0.975 \\ 0.888 \\ 1.254 \end{pmatrix}$$

现在，更新示意图，展示我们的进展，从初始输入信号开始，前馈信号，并得到了最终层的组合输入信号。

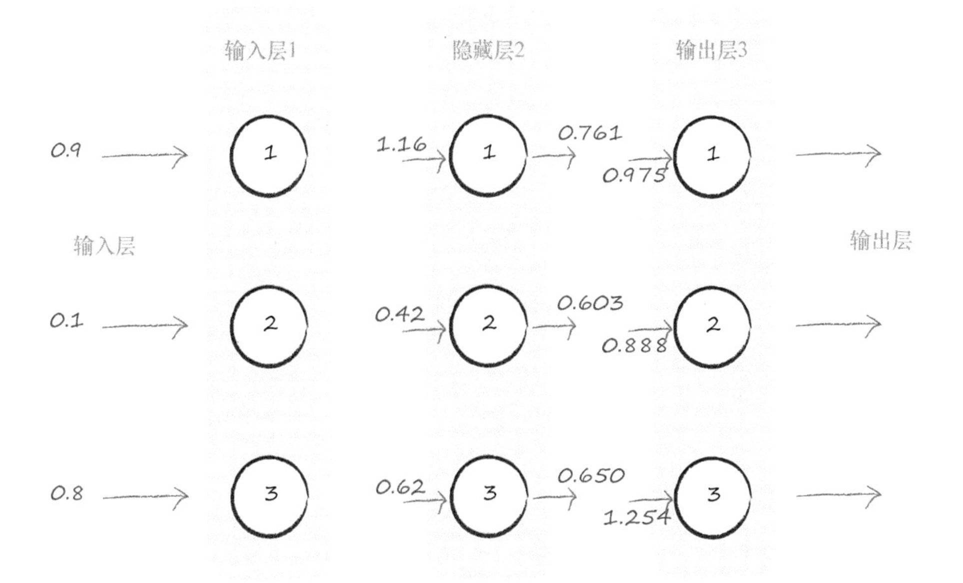

剩下的工作就是应用 S 激活函数，这是很容易的一件事情。

$$O_{output} = sigmoid\begin{pmatrix} 0.975 \\ 0.888 \\ 1.254 \end{pmatrix}$$

$$O_{output} = \begin{pmatrix} 0.726 \\ 0.708 \\ 0.778 \end{pmatrix}$$

成功就是这么的容易！我们得到了神经网络的最终输出信号。让我们也将其显示在图上。

因此，这个三层示例神经网络的最终输出信号为0.726、0.708和0.778。

我们成功追踪了神经网络中的信号，从信号进入神经网络，通过神经网络的各层，并得到了最终输出层的输出信号。

现在，我们应该做些什么呢？

下一步，将神经网络的输出值与训练样本中的输出值进行比较，计算出误差。我们需要使用这个误差值来调整神经网络本身，进而改进神经网络的输出值。

这可能是最难以理解的事情，因此，随着我们继续学习本书，我们将会如春风细雨般详细阐述这个思想。

1.10 学习来自多个节点的权重

先前，我们通过调整节点线性函数的斜率参数，来调整简单的线性分类器。我们使用误差值，也就是节点生成了答案与所知正确答案之间的差值，引导我们进行调整。实践证明，误差与所必须进行的斜率调整量之间的关系非常简单，调整过程非常容易。

当输出和误差是多个节点共同作用的结果时，我们如何更新链接权重呢？下图详细阐释了这个问题。

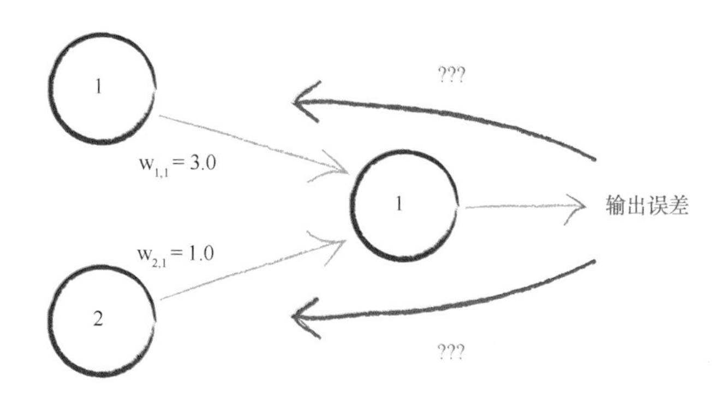

当只有一个节点前馈信号到输出节点，事情要简单得多。如果有两个节点，我们如何使用输出误差值呢？

使用所有的误差值，只对一个权重进行更新，这种做法忽略了其他链接及其权重，毫无意义。多条链接都对这个误差值有影响。

只有一条链接造成了误差，这种机会微乎其微。如果我们改变了已经“正确”的权重而使情况变得更糟，那么在下一次迭代中，这个权重就会得到改进，因此神经网络并没有失去什么。

一种思想就是在所有造成误差的节点中平分误差，如下图所示。

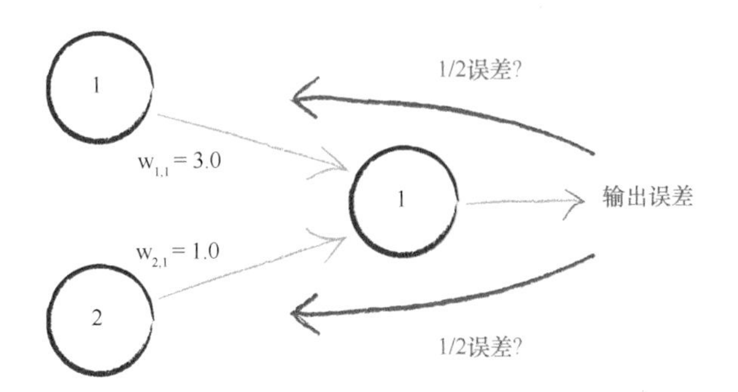

另一种思想是不等分误差。与前一种思想相反，我们为较大链接权重的链接分配更多的误差。为什么这样做呢？这是因为这些链接对造成误差的贡献较大。下图详细阐释了这种思想。

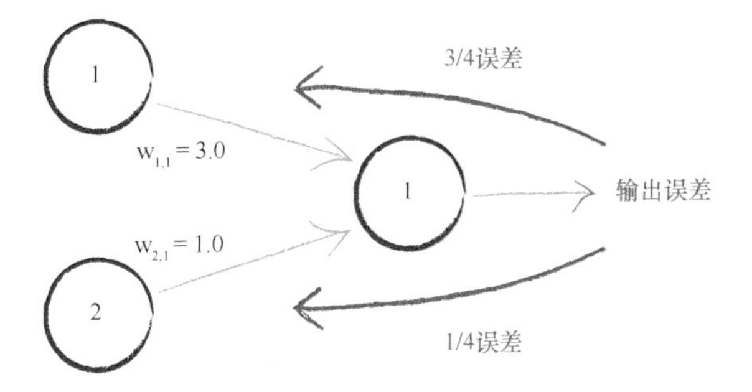

此处，有两个节点对输出节点的信号做出了贡献，它们的链接权重分别是 3.0 和 1.0。如果按权重比例分割误差，那么我们就可以观察到输出误差的 3/4 应该可以用于更新第一个较大的权重，误差的 1/4 可以用来更新较小的权重。

我们可以将同样的思想扩展到多个节点。如果我们拥有 100 个节点链接到输出节点，那么我们要在这 100 条链接之间，按照每条链接对误差所做贡献的比例（由链接权重的大小表示），分割误差。

你可以观察到，我们在两件事情上使用了权重。第一件事情，在神经网络中，我们使用权重，将信号从输入向前传播到输出层。此前，我们就是在大量地做这个工作。第二件事情，我们使用权重，将误差从输出向后传播到网络中。我们称这种方法为反向传播，你应该不会对此感到惊讶吧。

如果输出层有 2 个节点，那么我们对第二个输出节点也会做同样的事情。第二个输出节点也会有其误差，这个误差也可以通过相连的链接进行类似的分割。在接下来的内容中，我们将来看看这个方法。

1.11 多个输出节点反向传播误差

下图显示了具有 2 个输入节点和 2 个输出节点的简单网络。

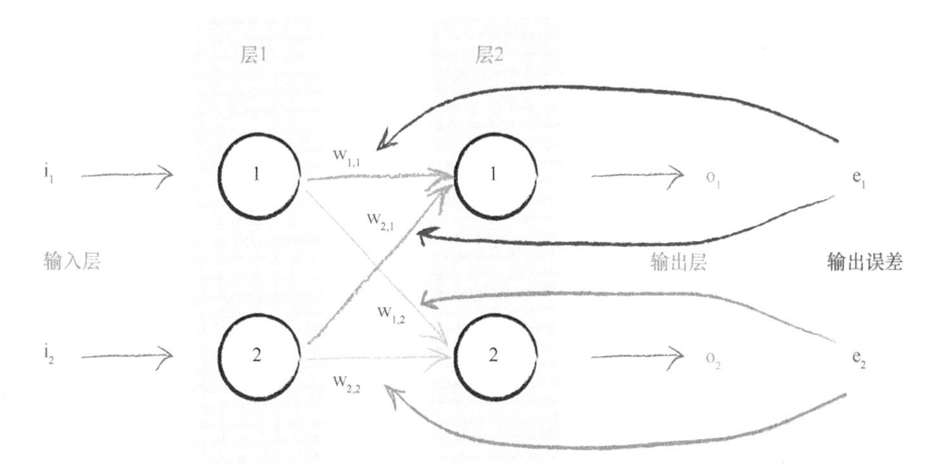

两个输出节点都有误差——事实上，在未受过训练的神经网络中，这是极有可能发生的情况。你会发现，在网络中，我们需要使用这两个误差值来告知如何调整内部链接权重。我们可以使用与先前一样的方法，也就是跨越造成误差的多条链接，按照权重比例，分割输出节点的误差。

我们拥有多个节点这一事实并没有改变任何事情。对于第二个输出节点，我们只是简单地重复第一个节点所做的事情。为什么如此简单呢？这是由于进入输出节点的链接不依赖于到另一个输出节点的链接，因此事情就变得非常简单，在两组的链接之间也不存在依赖关系。

让我们再次观察此图，我们将第一个输出节点的误差标记为 e_1。请记住，这个值等于由训练数据提供的所期望的输出值 t_1 与实际输出值 o_1 之间的差。也就是，$e_1 = (t_1 - o_1)$。我们将第二个输出节点的误差标记为 e_2。

从图中，你可以发现，按照所连接链接的比例，也就是权重 $w_{1,1}$ 和 $w_{2,1}$，我们对误差 e_1 进行了分割。类似地，我们按照权重 $w_{1,2}$ 和 $w_{2,2}$ 的比例分割了 e_2。

让我们写出这些分割值，这样我们就不会有任何疑问了。我们使用

误差 e_1 的信息，来调整权重 $w_{1,1}$ 和 $w_{2,1}$。通过这种分割方式，我们使用 e_1 的一部分来更新 $w_{1,1}$：

$$\frac{w_{1,1}}{w_{1,1}+w_{2,1}}$$

类似地，用来调整 $w_{2,1}$ 的 e_1 部分为：

$$\frac{w_{2,1}}{w_{1,1}+w_{2,1}}$$

这些分数看起来可能令人有点费解，让我们详细阐释这些分数。在所有这些符号背后，思想非常简单，也就是误差 e_1 要分割更大的值给较大的权重，分割较小的值给较小的权重。

如果 $w_{1,1}$ 是 $w_{2,1}$ 的 2 倍，比如说，$w_{1,1} = 6$，$w_{2,1} = 3$，那么用于更新 $w_{1,1}$ 的 e_1 的部分就是 6 /（6 + 3）= 6/9 = 2/3。同时，这留下了 1/3 的 e_1 给较小的权重 $w_{2,1}$，我们可以通过表达式 3 /（6 + 3）= 3/9 确认这确实是 1/3。

如果权重相等，正如你所期望的，各分一半。让我们确定一下，假设 $w_{1,1}$ = 4 和 $w_{2,1}$ =4，那么针对这种情况，e_1 所分割的比例都等于 4/（4+4）=4/8=1/2。

在更加深入理解之前，让我们先暂停一下，退后一步，从一个较远的距离观察我们已经做的事情。我们知道需要使用误差来指导在网络内部如何调整一些参数，在这里也就是链接权重。我们明白了如何调整链接权重，并且我们使用链接权重来调节进入神经网络最终输出层的信号。在存在多个输出节点的情况下，我们也看到了这种调整过程没有变得复杂，只是对每个输出节点都进行相同的操作。然后就搞定了！

接下来我们要问的问题是，当神经网络多于 2 层时，会发生什么事情呢？在离最终输出层相对较远的层中，我们如何更新链接权重呢？

1.12 反向传播误差到更多层中

下图显示了具有 3 层的简单神经网络，一个输入层、一个隐藏层和一个最终输出层。

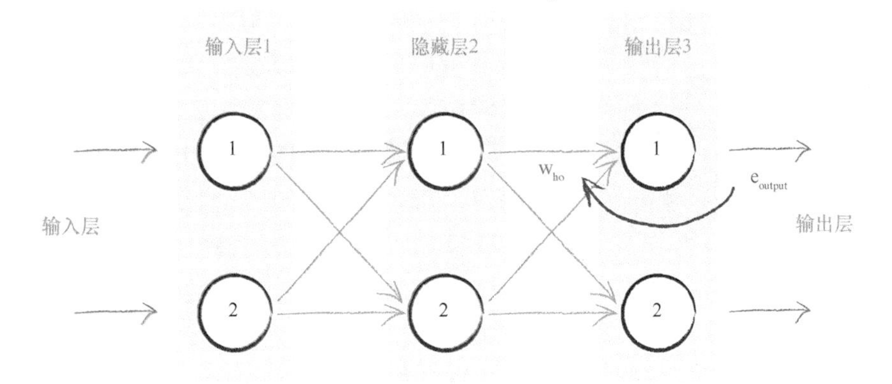

从右手边的最终输出层开始，往回工作，我们可以看到，我们使用在输出层的误差值引导调整馈送到最终层的链接权重。更一般地，我们将输出误差标记为 e_{output}，将在输出层和隐藏层之间的链接权重标记为 w_{ho}。通过将误差值按权重的比例进行分割，我们计算出与每条链接相关的特定误差值。

通过可视化这种方法，我们可以明白，对于额外的新层所需要做的事情。简单说来，我们采用与隐藏层节点相关联的这些误差 e_{hidden}，再次将这些误差按照输入层和隐藏层之间的链接权重 w_{ih} 进行分割。下图就显示了此逻辑。

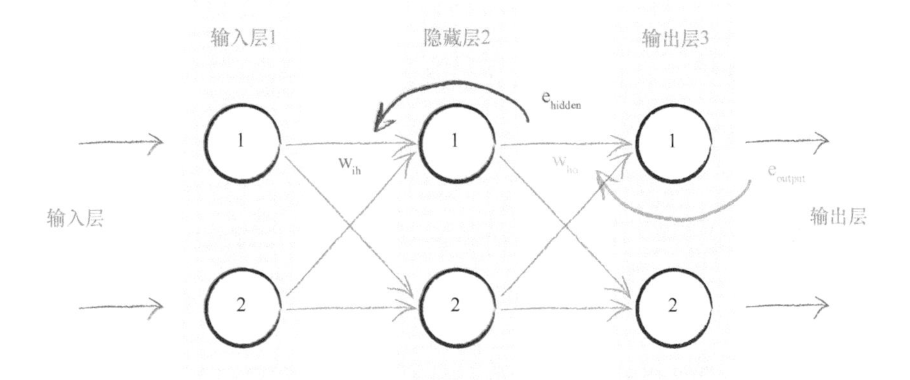

如果神经网络具有多个层，那么我们就从最终输出层往回工作，对每一层重复应用相同的思路。误差信息流具有直观意义。同样，你明白为什么我们称之为误差的反向传播了。

如果对于输出层节点的 e_{output}，我们首先使用了输出误差。那么，对于隐藏层节点 e_{hidden}，我们使用什么误差呢？中间隐藏层节点没有明确显示的误差，因此这是一个好问题。我们知道，向前馈送输入信号，隐藏层的每个节点确实有一个单一的输出。还记得，我们在该节点经过加权求和的信号上应用激活函数，才得到了这个输出。但是，我们如何才能计算出误差呢？

对于隐藏层的节点，我们没有目标值或所希望的输出值。我们只有最终输出层节点的目标值，这个目标值来自于训练样本数据。让我们再次观察上图，寻找一些灵感！隐藏层第一个节点具有两个链接，这两个链接将这个节点连接到两个输出层节点。我们知道，沿着各个链接可以分割输出误差，就像我们先前所做的一样。这意味着，对于中间层节点的每个链接，我们得到了某种误差值。我们可以重组这两个链接的误差，形成这个节点的误差。实际上我们没有中间层节点的目标值，因此这种方法算得上第二最佳方法。下图就可视化了这种想法。

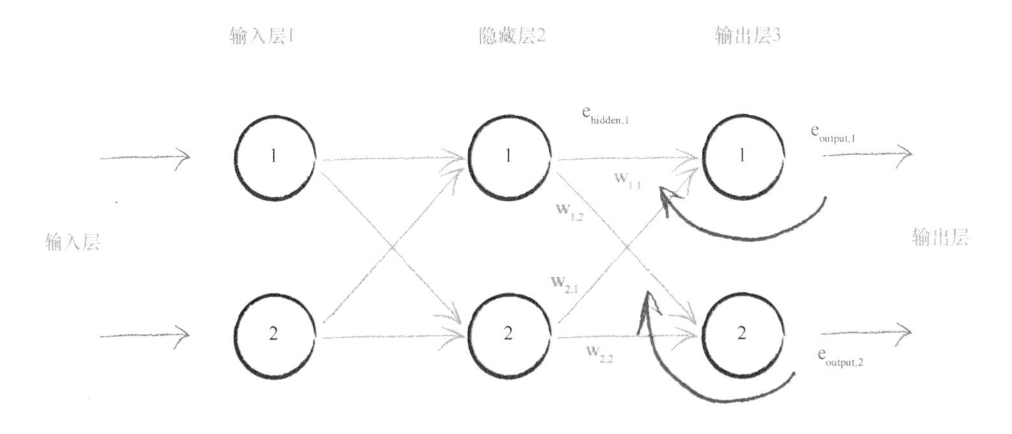

虽然你可以相对清楚地观察到发生的事情，但是我们还是要再次演示，确认一下。我们需要隐藏层节点的误差，这样我们就可以使用这个误差更新前一层中的权重。我们称这个误差为 e_{hidden}。但是，我们不需要明确地回答这些误差是什么。我们的训练样本数据只给出了最终输出节点的目标值，因此不能说这个误差等于中间层节点所需目标输出值与实际输出值之间的差。

训练样本数据只告诉我们最终输出节点的输出应该为多少，而没有告诉我们任何其他层节点的输出应该是多少。这是这道谜题的核心。

我们可以使用先前所看到的误差反向传播，为链接重组分割的误差。因此，第一个隐藏层节点的误差是与这个节点前向连接所有链接中分割误差的和。在上图中，我们得到了在权重为 $w_{1,1}$ 的链接上的输出误差 $e_{output,1}$ 的一部分，同时也得到了在权重为 $w_{1,2}$ 的链接上第二个输出节点的输出误差 $e_{output,2}$ 的一部分。

让我们将这些值写下来。

$e_{hidden,1}$ = 链接 $w_{1,1}$ 和链接 $w_{1,2}$ 上的分割误差之和

$$= e_{output,1} * \frac{w_{1,1}}{w_{1,1} + w_{2,1}} + e_{output,2} * \frac{w_{1,2}}{w_{1,2} + w_{2,2}}$$

这有助于我们看到这个理论的实际作用，下图详细阐释了在一个简单的具有实际数字的 3 层网络中，误差如何向后传播。

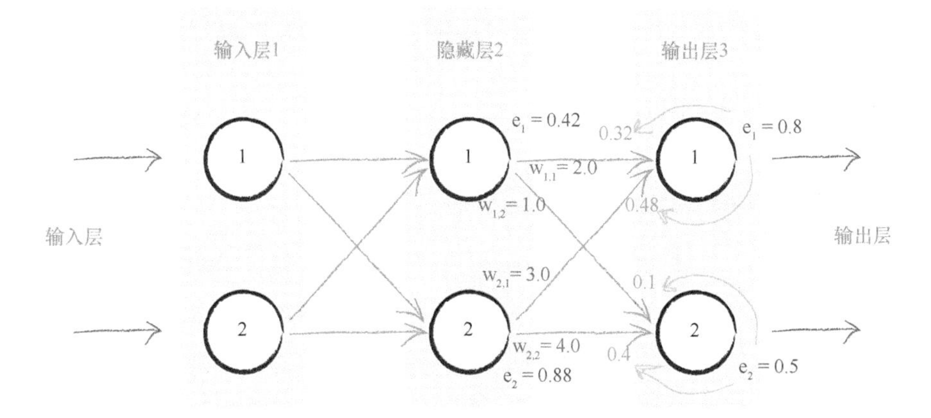

让我们演示一下反向传播的误差。你可以观察到，第二个输出层节点的误差 0.5，在具有权重 1.0 和 4.0 的两个链接之间，根据比例被分割成了 0.1 和 0.4。你也可以观察到，在隐藏层的第二个节点处的重组误差等于连接的分割误差之和，也就是 0.48 与 0.4 的和，等于 0.88。

如下图所示，我们进一步向后工作，在前一层中应用相同的思路。

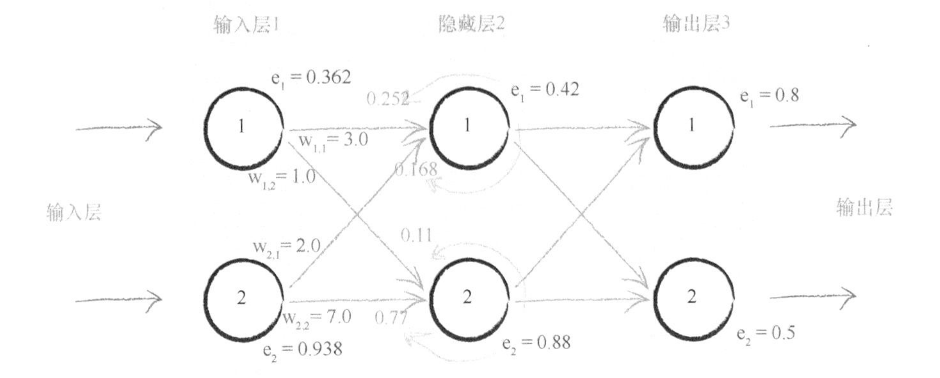

关键点

- 神经网络通过调整链接权重进行学习。这种方法由误差引导，误差就是训练数据所给出正确答案和实际输出之间的差值。
- 简单地说，在输出节点处的误差等于所需值与实际值之间的差值。
- 然而，与内部节点相关联的误差并不显而易见。一种方法是按照链接权重的比例来分割输出层的误差，然后在每个内部节点处重组这些误差。

1.13 使用矩阵乘法进行反向传播误差

我们可以使用矩阵乘法来简化所有这些劳心费力的计算吗？此前，当我们执行大量计算以得到前馈输入信号时，矩阵乘法帮助了我们。

要明白误差反向传播是否可用通过使用矩阵乘法变得更加简洁，让我们使用符号写出步骤。顺便说一句，这就是尝试所谓的将过程矢量化（vectorise the process）。

我们可以相对简单地以矩阵形式表达大批量的计算，这有利于我们的书写，并且由于这种方法利用了所需计算中的相似性，因此这允许计算机更高效地完成所有计算工作。

计算的起始点是在神经网络最终输出层中出现的误差。此时，在输出层，神经网络只有两个节点，因此误差只有 e_1 和 e_2。

$$error_{output} = \begin{pmatrix} e_1 \\ e_2 \end{pmatrix}$$

接下来，我们需要为隐藏层的误差构建矩阵。这听起来好像是一件挺辛苦的事情，好吧，让我们以蚕食的方式，一点一点地做这件事。第一件事与隐藏层中的第一个节点相关。如果你再次观察上图可以看到，在输出层中，有两条路径对隐藏层第一个节点的误差做出了“贡献”。沿着这些路径，我们发现了误差信号 $e_1 * w_{1,1} / (w_{1,1} + w_{2,1})$ 和 $e_2 * w_{1,2} / (w_{1,2} + w_{2,2})$。现在，让我们看看隐藏层的第二个节点，同样，我们看到了有两条路径对这个误差做出了“贡献”，我们得到误差信号 $e_1 * w_{2,1} / (w_{2,1} + w_{1,1})$ 和 $e_2 * w_{2,2} / (w_{2,2} + w_{1,2})$。先前，我们就已经明白了这些表达式是如何计算得到的。

因此，我们得到了下列的隐藏层矩阵。这比想要的矩阵要复杂一些。

$$error_{hidden} = \begin{pmatrix} \frac{w_{1,1}}{w_{1,1} + w_{2,1}} & \frac{w_{1,2}}{w_{1,2} + w_{2,2}} \\ \frac{w_{2,1}}{w_{2,1} + w_{1,1}} & \frac{w_{2,2}}{w_{2,2} + w_{1,2}} \end{pmatrix} \cdot \begin{pmatrix} e_1 \\ e_2 \end{pmatrix}$$

如果这个矩阵能够重写，变成一种我们已知可用、简单的矩阵乘法，那就太棒了。这是权重、前向信号和输出误差矩阵。请记住，如果我们能够重写矩阵，那将是大有裨益的。

遗憾的是，我们不能像先前在处理前馈信号时一样，很容易就将这种矩阵转换为超级简单的矩阵乘法。在这个超级麻烦的大矩阵中，这些分数难以处理！如果我们能够将这个麻烦的矩阵整齐地分割成简单可用的矩阵组合，就大有益处了。

我们可以做些什么呢？我们依然非常希望利用矩阵乘法有效完成计算，给我们带来好处。

我想，这是该变得淘气一点的时候了！

再次观察上面的表达式。你可以观察到，最重要的事情是输出误差与链接权重 w_{ij} 的乘法。较大的权重就意味着携带较多的输出误差给隐藏层。这是非常重要的一点。这些分数的分母是一种归一化因子。如果我们忽略了这个因子，那么我们仅仅失去后馈误差的大小。也就是说，我们使用简单得多的 $e_1 * w_{1,1}$ 来代替 $e_1 * w_{1,1} / (w_{1,1} + w_{2,1})$。

如果我们采用这种方法，那么矩阵乘法就非常容易辨认。如下所示：

$$error_{hidden} = \begin{pmatrix} w_{1,1} & w_{1,2} \\ w_{2,1} & w_{2,2} \end{pmatrix} \cdot \begin{pmatrix} e_1 \\ e_2 \end{pmatrix}$$

这个权重矩阵与我们先前构建的矩阵很像，但是这个矩阵沿对角线进行了翻转，因此现在右上方的元素变成了左下方的元素，左下方的元素变成了右上方的元素。我们称此为转置矩阵，记为 w^T。

此处，有两个数字转置矩阵的示例，因此，我们可以清楚地观察到所发生的事情。你可以看到，即使矩阵的行数和列数不同，也是可以进行转置的。

$$\begin{pmatrix} 1 & 2 & 3 \\ 4 & 5 & 6 \\ 7 & 8 & 9 \end{pmatrix}^T = \begin{pmatrix} 1 & 4 & 7 \\ 2 & 5 & 8 \\ 3 & 6 & 9 \end{pmatrix}$$

$$\begin{pmatrix} 1 & 2 & 3 \\ 4 & 5 & 6 \end{pmatrix}^T = \begin{pmatrix} 1 & 4 \\ 2 & 5 \\ 3 & 6 \end{pmatrix}$$

因此，我们得到所希望的矩阵，使用矩阵的方法来向后传播误差：

$$error_{hidden} = w^T_{hidden\_output} \cdot error_{output}$$

虽然这样做看起来不错，但是将归一化因子切除，我们做得正确吗？实践证明，这种相对简单的误差信号反馈方式，与我们先前相对复杂的方式一样有效。这本书的相关博客中，有一篇博文就显示了使用不同方法进行反向误差传播的结果。如果这种相对简单的方式行之有效，那么我们就应该坚持这种方法。

如果我们要进一步思考这个问题，那么我们可以观察到，即使反馈的误差过大或过小，在下一轮的学习迭代中，网络也可以自行纠正。重要的是，由于链接权重的强度给出了共享误差的最好指示，因此反馈的误差应该遵循链接权重的强度。

我们已经做了海量的工作了！

关键点

- 反向传播误差可以表示为矩阵乘法。
- 无论网络规模大小，这使我们能够简洁地表达反向传播误差，同时也允许理解矩阵计算的计算机语言更高效、更快速地完成工作。
- 这意味着前向馈送信号和反向传播误差都可以使用矩阵计算而变得高效。

接下来，下面一节的理论相当酷炫，这需要一个清醒的大脑，因此请好好休息调整一下。

1.14 我们实际上如何更新权重

我们还没有解决在神经网络更新链接权重中非常核心的问题。我们一直在努力解决这个问题，现在，我们几乎就要到达目标了。在解开这个秘密之前，我们还需要理解一个重要的思想。

到目前为止，我们已经理解了让误差反向传播到网络的每一层。为什么这样做呢？原因就是，我们使用误差来指导如何调整链接权重，从而改进神经网络输出的总体答案。这基本上就是我们使用本书先前所讨论的线性分类器所做的事情。

但是，这些节点都不是简单的线性分类器。这些稍微复杂的节点，对加权后的信号进行求和，并应用了 S 阈值函数，将所得到的结果输出给下一层的节点。因此，我们如何才能真正地更新连接这些相对复杂节点链接的权重呢？我们为什么不能使用一些微妙的代数来直接计算出权重的正确值呢？

数学太复杂了，因此我们不能使用微妙的代数直接计算出的权重。当我们通过网络前馈信号时，有太多的权重需要组合，太多的函数的函数的函数……需要组合。想想看，即使是一个只有 3 层、每层 3 个神经元的小小的神经网络，就像我们刚才使用的神经网络，也具有太多的权重和函数需要组合。在此情况下，你如何调整输入层第一个节点和隐藏层第二个节点之间链路的权重，以使得输出层第三个节点的输出增加 0.5 呢？即使我们碰运气做到了这一点，这个效果也会由于需要调整另一个权重来改进不同的输出节点而被破坏。你不能将此视为无关紧要的事情。

要意识到这件事情的重要性，请观察下面这个“面目可憎”的表达式，这是一个简单的 3 层、每层 3 个节点的神经网络，其中输入层节点的输出是输入值和链接权重的函数。在节点 i 处的输入是 x_i，连接输入层节点 i 到隐藏层节点 j 的链接权重为 $w_{i,j}$，类似地，隐藏层节点 j 的输出是 x_j，连接隐藏层节点 j 和输出层节点 k 的链接权重是 $w_{j,k}$。那个看似有趣的符号 Σ_a^b 意味着对在 a 和 b 值之间的所有后续表达式求和。

$$o_k = \frac{1}{1 + e^{-\sum_{j=1}^{3}\left(w_{j,k} \cdot \frac{1}{1+e^{-\sum_{i=1}^{3}(w_{i,j} \cdot x_i)}}\right)}}$$

哎呀！还是让我们不要去硬碰硬地求解这个表达式吧。

如果我们不试图耍聪明，那么我们可以只是简单地尝试随机组合权重，直到找到好的权重组合。

当我们陷入一个困难的问题而焦头烂额时，这不算是一个疯狂的想法。我们称这种方法为暴力方法。有些人使用暴力方法试图破解密码，如果密码是一个英文单词并且不算太长，那么由于没有太多的组合，一台快速的家用计算机就可以搞定，因此这种方法是行之有效的。现在，假设每个权重在 -1 和 +1 之间有 1 000 种可能的值，如 0.501、-0.203 和 0.999。那么对于 3 层、每层 3 个节点的神经网络，我们可以得到 18 个权重，因此有 10^{18} 种可能性需要测试。如果有一个相对典型的神经网络，每层有 500 个节点，那么我们需要测试 5 亿种权重的可能性。如果每组组合需要花费 1 秒钟计算，那么对于一个训练样本，我们需要花费 16 年更新权重！对于 1 000 种训练样本，我们要花费 16 000 年！

你会发现这种暴力方法不切实际。事实上，当我们增加网络层、节点和权重的可能值时，这种方法马上就变得不可收拾了。

数学家多年来也未解决这个难题，直到 20 世纪 60 年代到 70 年代，这个难题才有了切实可行的求解办法。虽然对于谁最先解出了这个难题或做出了关键性的突破，大家莫衷一是，但是重要的一点是，这个迟来的发现导致了现代神经网络爆炸性的发展，因此现在的神经网络可以执行一些令人印象深刻的任务。

那么，我们如何解决这样一个明显的难题呢？信不信由你，你已经得到了工具，并且已经可以自己求解这个难题了。先前，我们已经讨论了求解这个问题的方方面面。因此，让我们开始求解这个难题吧！

我们必须做的第一件事是，拥抱悲观主义。

能够表示所有的权重如何生成神经网络输出的数学表达式过于复杂，难以求解。太多的权重组合，我们难以逐个测试，以找到一种最好的组合。

我们有更多可以悲观的理由。训练数据可能不足，不能正确地教会网络；训练数据可能有错误，因此即使我们的假设完全正确，神经网络可以学到一些东西，但却有缺陷；神经网络本身可能没有足够多的层或节点，不能正确地对问题的解进行建模。

这意味着，我们必须承认这些限制，采取实际的做法。如果我们从实际出发可以找到一种办法，虽然这种方法从数学角度而言并不完美，但是由于这种方法没有做出虚假的理想化假设，因此实际上给我们带来了更好的结果。

让我们详细解释一下这是什么意思。想象一下，一个非常复杂、有波峰波谷的地形以及连绵的群山峻岭。在黑暗中，伸手不见五指。你知道你是在一个山坡上，你需要到坡底。对于整个地形，你没有精确的地图，只有一把手电筒。你能做什么呢？你可能会使用手电筒，做近距离的观察。你不能使用手电筒看得更远，无论如何，你肯定看不到整个地形。你可以看到某一块土地看起来是下坡，于是你就小步地往这个方向走。通过这种方式，你不需要完整的地图，也不需要事先制定路线，你一步一个脚印，缓慢地前进，慢慢地下山。

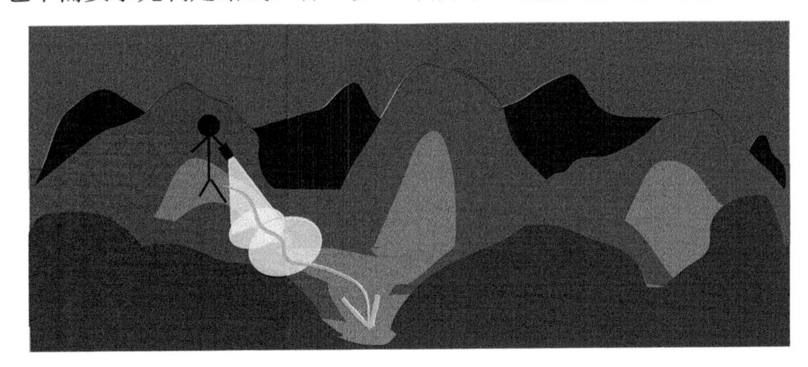

在数学上，这种方法称为梯度下降（gradient descent），你可以明白这是为什么吧。在你迈出一步之后，再次观察周围的地形，看看你下一步往哪个方向走，才能更接近目标，然后，你就往那个方向走出一步。你一直保持这种方式，直到非常欣喜地到达了山底。梯度是指地面的坡度。你走的方向是最陡的坡度向下的方向。

现在，想象一下，这个复杂的地形是一个数学函数。梯度下降法给我们带来一种能力，即我们不必完全理解复杂的函数，从数学上对函数进行求解，就可以找到最小值。如果函数非常困难，我们不能用代数轻松找到最小值，我们就可以使用这个方法来代替代数方法。当然，由于我们采用步进的方式接近答案，一点一点地改进所在的位置，因此这可能无法给出精确解。但是，这比得不到答案要好。总之，我们可以使用更小的步子朝着实际的最小值方向迈进，优化答案，直到我们对于所得到的精度感到满意为止。

这种酷炫的梯度下降法与神经网络之间有什么联系呢？好吧，如果我们将复杂困难的函数当作网络误差，那么下山找到最小值就意味着最小化误差。这样我们就可以改进网络输出。这就是我们希望做到的！

为了正确理解梯度下降的思想，让我们使用一个超级简单的例子来演示一下。

下图显示了一个简单的函数 $y = (x-1)^2 + 1$。如果在这个函数中，y 表示误差，我们希望找到 x，可以最小化 y。现在，我们假装这不是一个简单的函数，而是一个复杂困难的函数。

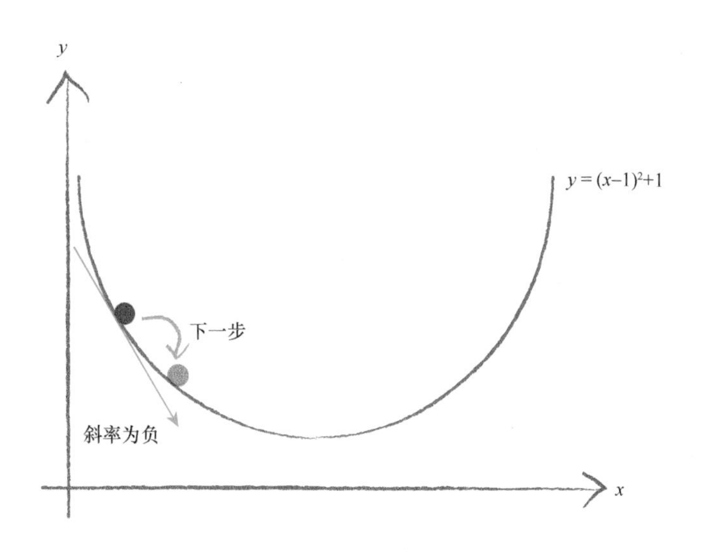

要应用梯度下降的方法，我们必须找一个起点。上图显示了随机选择的起点。就像登山者，我们正站在这个地方，环顾四周，观察哪个方向是向下的。在图上标记了当前情况下的斜率，其斜率为负。我们希望沿着向下的方向，因此我们沿着x轴向右。也就是说，我们稍微地增加x的值。这是登山者的第一步。你可以观察到，我们改进了我们的位置，向实际最小值靠近了一些。

我们假设在某个地方开始，如下图所示。

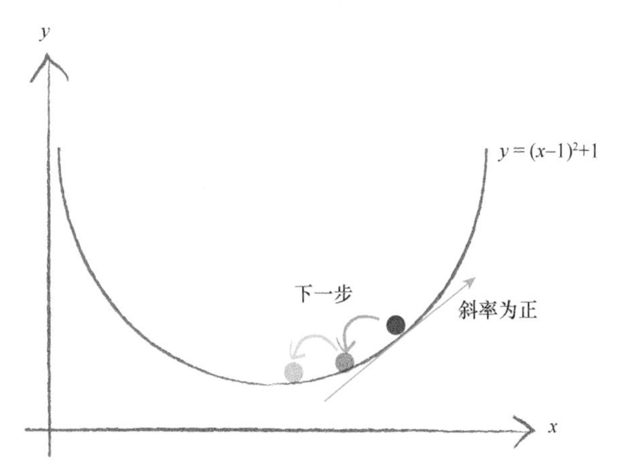

这一次，我们所在之处的斜率为正，因此我们向左移动。也就是说，我们稍微减小x值。同样，你可以观察到我们已经改善了位置，向真实的最小值靠近了一些。我们可以继续这样操作，直到几乎不能改进为止，这样我们就确信已经到达了最小值。

我们要改变步子大小，避免超调，这样就会避免在最小值的地方来回反弹，这是一个必要的优化。你可以想象，如果我们距离真正的最小值只有 0.5 米，但是采用 2 米的步长，那么由于向最小值的方向走的每一步都超过了最小值，我们就会错过最小值。如果我们调节步长，与梯度的大小成比例，那么在接近最小值时，我们就可以采用小步长。这一假设的基础是，当我们接近最小值时，斜率也变得平缓了。对于大多数光滑的连续函数，这个假设是合适的。但是对于有时突然一跃而起、有时突然急剧下降的锯齿函数而言，也就是说存在数学家所说的间断点，这不是一个合适的假设。

下面我们将详细说明，当函数梯度变得较小时调节步长的这种思想，函数梯度是在何种程度上接近最小值的良好指标。

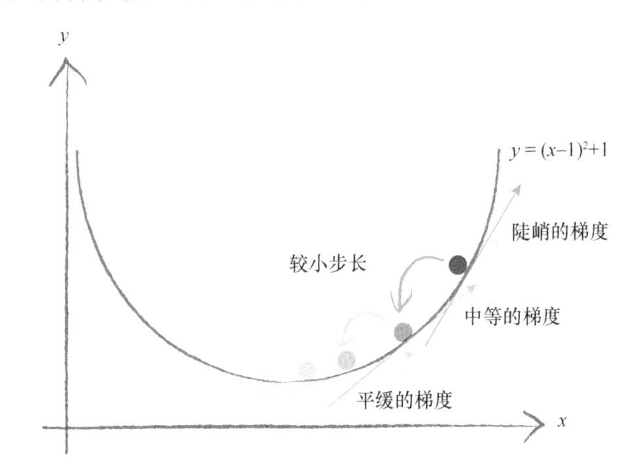

顺便说一句，你是否注意到，我们往相反的梯度方向增加 x 值？正梯度意味着减小 x，负梯度意味着增加 x。画图可以让这个现象变得很清晰，但是我们很容易忘记这一点，并经常误入歧途。

当使用梯度下降的方法时，我们一般不使用代数计算出最小值，我们假装函数 $y=(x-1)^2+1$ 是一个非常复杂困难的函数。即使不使用数学精确计算出斜率，我们也可以估计出斜率，在我们往一般的正确方向移动时，你可以发现这种方法也非常适用。

当函数有很多参数时，这种方法才真正地显现出它的亮点。y 也许不

单单取决于 x，y 也可能取决于 a、b、c、d、e 和 f。记得输出函数吧，神经网络的误差函数取决于许多的权重参数，这些参数通常有数百个呢！

同样，下面我们将使用稍微复杂的、依赖 2 个参数的函数，详细说明梯度下降法。这可以使用三维空间来表示，同时使用高来表示函数的值。

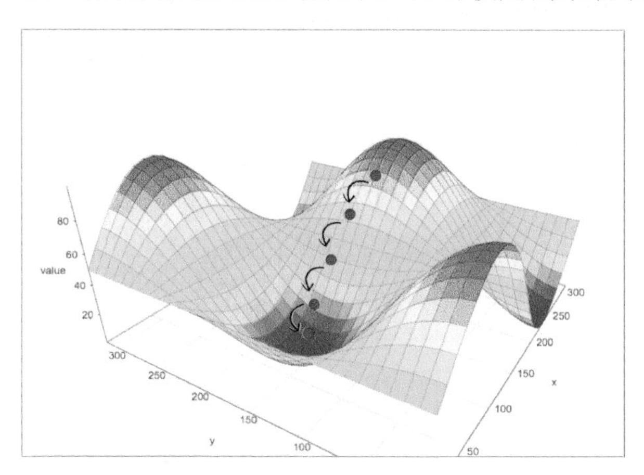

观察这个三维曲面，你可以再次思考，梯度下降是否会终止于右侧的另一个山谷。事实上，在更一般的意义上进行思考，由于复杂的函数有众多的山谷，梯度下降有时会卡在错误的山谷中吗？这个错误的山谷是哪一个呢？答案是肯定的，这种情况可能会发生，也就是我们所到达的山谷可能不是最低的山谷。

为了避免终止于错误的山谷或错误的函数最小值，我们从山上的不同点开始，多次训练神经网络，确保并不总是终止于错误的山谷。不同的起始点意味着选择不同的起始参数，在神经网络的情况下，这意味着选择不同的起始链接权重。

下面详细说明了使用梯度下降方法的三种不同尝试，其中有一次，这种方法终止于错误的山谷中。

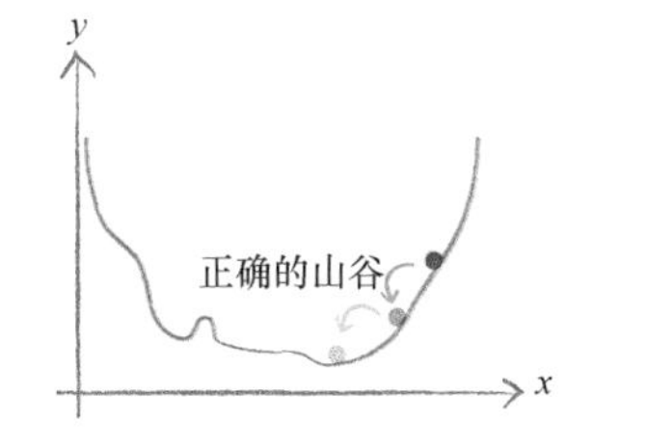

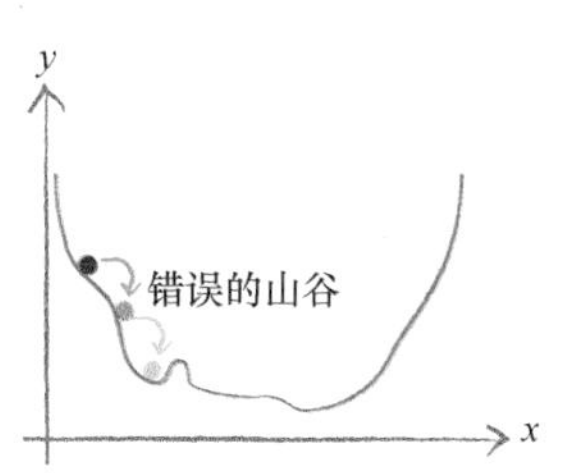

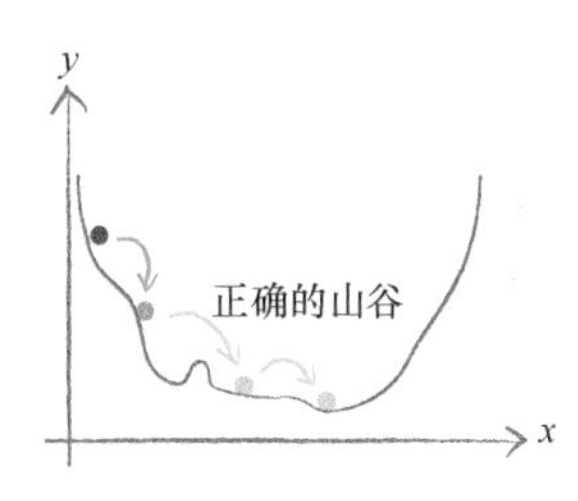

让我们暂停，整理一下思路。

关键点

- 梯度下降法是求解函数最小值的一种很好的办法，当函数非常复杂困难，并且不能轻易使用数学代数求解函数时，这种方法却发挥了很好的作用。
- 更重要的是，当函数有很多参数，一些其他方法不切实际，或者会得出错误答案，这种方法依然可以适用。
- 这种方法也具有弹性，可以容忍不完善的数据，如果我们不能完美地描述函数，或我们偶尔意外地走错了一步，也不会错得离谱。

神经网络的输出是一个极其复杂困难的函数，这个函数具有许多参数影响到其输出的链接权重。我们可以使用梯度下降法，计算出正确的权重吗？只要我们选择了合适的误差函数，这是完全可以的。

神经网络本身的输出函数不是一个误差函数。但我们知道，由于误差是目标训练值与实际输出值之间的差值，因此我们可以很容易地把输出函数变成误差函数。

此处，我们要注意一些事情。观察下表，这是 3 个输出节点的目标值和实际值以及误差函数的候选项。

网络输出	目标输出	误差 （目标值 - 实际值）	误差 |目标值 - 实际值|	误差 （目标值 - 实际值）^{2}
0.4	0.5	0.1	0.1	0.01
0.8	0.7	-0.1	0.1	0.01
1.0	1.0	0	0	0
求和		0	0.2	0.02

误差函数的第一个候选项是（目标值 - 实际值），非常简单。这似乎足够合理了，对吧？如果你观察对所有节点的误差之和，以判断此时网络是否得到了很好的训练，你会看到总和为 0！

这是如何发生的呢？很显然，由于前两个节点的输出值与目标值不同，这个网络没有得到很好的训练。但是，由于正负误差相互抵消，我们得到误差总和为0。总和为零意味着没有误差。然而即使正负误差没有完全互相抵消，这也很明显不符合实际情况，由此你也可以明白这不是一个很好的测量方法。

为了纠正这一点，我们采用差的绝对值，即将其写成|目标值 - 实际值|，这意味着我们可以无视符号。由于误差不能互相抵消，这可能行得通。由于斜率在最小值附近不是连续的，这使得梯度下降方法无法很好地发挥作用，由于这个误差函数，我们会在V形山谷附近来回跳动，因此这个误差函数没有得到广泛应用。在这种情况下，即使接近了最小值，斜率也不会变得更小，因此我们的步长也不会变得更小，这意味着我们有超调的风险。

第三种选择是差的平方，即（目标值 - 实际值）^{2}。我们更喜欢使用第三种误差函数，而不喜欢使用第二种误差函数，原因有以下几点：

- 使用误差的平方，我们可以很容易使用代数计算出梯度下降的斜率。
- 误差函数平滑连续，这使得梯度下降法很好地发挥作用——没有间断，也没有突然的跳跃。
- 越接近最小值，梯度越小，这意味着，如果我们使用这个函数调节步长，超调的风险就会变得较小。

是否有第四个选项呢？有，你可以构造各种各样的复杂有趣的代价函数。一些函数可能完全行不通，一些函数可能对特定类型的问题起作用，一些能够发挥作用的函数，可能由于额外的复杂度而有点不值得。

现在，我们已经跑到了最后一圈，即将到达终点了！

要使用梯度下降的方法，现在我们需要计算出误差函数相对于权重的斜率。这需要微积分的知识。你可能已经对微积分比较熟悉了，但是如果你还不熟悉微积分或者需要提示，那么附录A中包含了一个微积分的简单介绍。微积分使用精确的数学方式，计算出当一些变量改变时，其他因变量如何改变。例如，当在弹簧上施加一个伸展力时，弹簧的长度如何变化。此处，我们感兴趣的是，误差函数是如何依赖于神经网络中的链接权重的。询问这个问题的另一种方式是——“误差对链接权重的改变有多敏感？”

既然我们明白了想要的目标，而画图总是有助于让我们脚踏实地，那么我们就从图形开始吧。

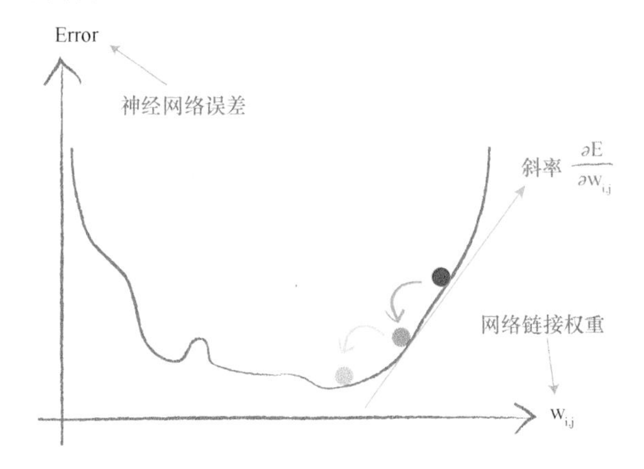

此图与我们先前看到的图一样，主要是强调我们所做的事情没有什么不同。这一次，我们希望最小化的是神经网络的误差函数。我们试图优化的参数是网络链接权重。在这个简单的例子中，我们只演示了一个权重，但是我们知道神经网络有众多权重参数。

下图显示了两个链接权重，这次，误差函数是三维曲面，这个曲面随着两个链接权重的变化而变化。你可以看到，我们努力最小化误差，现在，这有点像在多山的地形中寻找一个山谷。

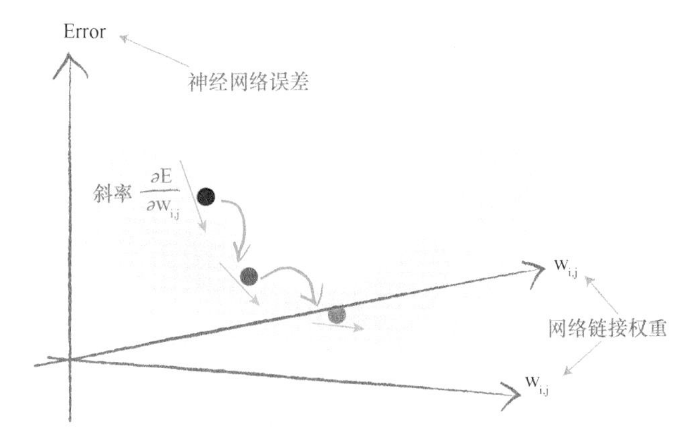

当函数具有多个参数时，要画出误差曲面相对较难，但是使用梯度下降寻找最小值的思想是相同的。

让我们使用数学的方式，写下想要取得的目标。

$$\frac{\partial E}{\partial w_{j,k}}$$

这个表达式表示了当权重 $w_{j,k}$ 改变时，误差 E 是如何改变的。这是误差函数的斜率，也就是我们希望使用梯度下降的方法到达最小值的方向。

在我们求解表达式之前，让我们只关注隐藏层和最终输出层之间的链接权重。下图突出显示了我们所感兴趣的这个区域。我们稍后将重新回到输入层和隐藏层之间的链接权重。

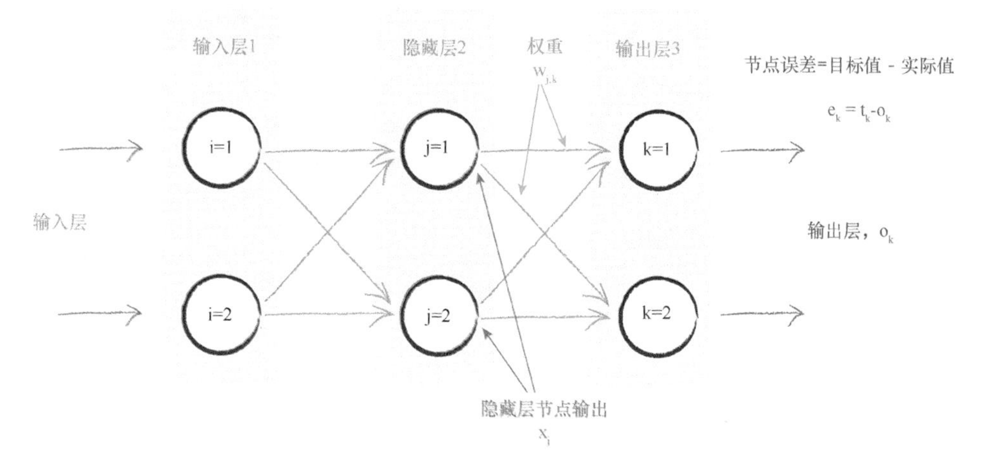

在进行微积分计算时，我们会时不时地返回来参照此图，以确保我们没有忘记每个符号的真正含义。读者请不要被吓倒而裹足不前，这个过程并不困难，我们还会进行解释，我们先前已经介绍了所有所需的概念。

首先，让我们展开误差函数，这是对目标值和实际值之差的平方进行求和，这是针对所有 n 个输出节点的和。

$$\frac{\partial E}{\partial w_{j,k}} = \frac{\partial}{\partial w_{j,k}} \Sigma_n (t_n - o_n)^2$$

此处，我们所做的一切，就是写下实际的误差函数 E。

注意，在节点 n 的输出 o_n 只取决于连接到这个节点的链接，因此我们可以直接简化这个表达式。这意味着，由于这些权重是链接到节点 k 的权重，因此节点 k 的输出 o_k 只取决于权重 $w_{j,k}$。

我们可以使用另一种方式来看待这个问题，节点 k 的输出不依赖于权重 $w_{j,b}$，其中，由于 b 和 k 之间没有链接，因此 b 与 k 无关联。权重 $w_{j,b}$ 是连接输出节点 b 的链接权重，而不是输出节点 k 的链接权重。

这意味着，除了权重 $w_{j,k}$ 所链接的节点（也就是 o_k）外，我们可以从和中删除所有的 o_n，这就完全删除了令人厌烦的求和运算。这是一个很有用的技巧，值得保留下来收入囊中。

如果你喝了咖啡，头脑比较清醒，你可能已经意识到，这意味着误差函数根本就不需要对所有输出节点求和。原因是节点的输出只取决于所连接的链接，就是取决于链接权重。这个过程在许多教科书中一略而过，这些教科书只是简单地声明了误差函数，却没有解释原因。

无论如何，我们现在有了一个相对简单的表达式了。

$$\frac{\partial E}{\partial w_{j,k}} = \frac{\partial}{\partial w_{j,k}} (t_k - o_k)^2$$

现在，我们将进行一点微积分计算。记住，如果你不熟悉微积分，可以参考附录 A。

t_k 的部分是一个常数，因此它不会随着 $w_{j,k}$ 的变化而变化。也就是说，t_k 不是 $w_{j,k}$ 的函数。仔细想想，如果真实示例所提供的目标值根据权重变化，就太让人匪夷所思了！由于我们使用权重前馈信号，得到输出值 o_k，因此这个表达式留下了我们所知的依赖于 $w_{j,k}$ 的 o_k 部分。

我们将使用链式法则，将这个微积分任务分解成更多易于管理的小块。

再次参考附录的链式法则介绍。

$$\frac{\partial E}{\partial w_{j,k}} = \frac{\partial E}{\partial o_k} \cdot \frac{\partial o_k}{\partial w_{j,k}}$$

现在，我们可以反过来对相对简单的部分各个击破。我们对平方函数进行简单的微分，就很容易击破了第一个简单的项。这使我们得到了以下的式子：

$$\frac{\partial E}{\partial w_{j,k}} = -2(t_k - o_k) \cdot \frac{\partial o_k}{\partial w_{j,k}}$$

对于第二项，我们需要仔细考虑一下，但是无需考虑过久。o_k 是节点 k 的输出，如果你还记得，这是在连接输入信号上进行加权求和，在所得到结果上应用 S 函数得到的结果。让我们将这写下来，清楚地表达出来。

$$\frac{\partial E}{\partial w_{j,k}} = -2(t_k - o_k) \cdot \frac{\partial}{\partial w_{j,k}} sigmoid(\Sigma_j w_{j,k} \cdot o_j)$$

o_j 是前一个隐藏层节点的输出，而不是最终层的输出 o_k。

我们如何微分 S 函数呢？使用附录 A 介绍的基本思想，对 S 函数求微分，这对我们而言是一种非常艰辛的方法，但是，其他人已经完成了这项工作。我们可以只使用众所周知的答案，就像全世界的数学家每天都在做的事情一样。

$$\frac{\partial}{\partial x} sigmoid(x) = sigmoid(x)\left(1 - sigmoid(x)\right)$$

在微分后，一些函数变成了非常可怕的表达式。S 函数微分后，可以得到一个非常简单、易于使用的结果。在神经网络中，这是 S 函数成为大受欢迎的激活函数的一个重要原因。

因此，让我们应用这个酷炫的结果，得到以下的表达式。

$$\frac{\partial E}{\partial w_{j,k}} = -2(t_k - o_k) \cdot sigmoid(\Sigma_j w_{j,k} \cdot o_j)(1 - sigmoid(\Sigma_j w_{j,k} \cdot o_j)) \cdot \frac{\partial}{\partial w_{j,k}}(\Sigma_j w_{j,k} \cdot o_j)$$

$$= -2(t_k - o_k) \cdot sigmoid(\Sigma_j w_{j,k} \cdot o_j)(1 - sigmoid(\Sigma_j w_{j,k} \cdot o_j)) \cdot o_j$$

这个额外的最后一项是什么呢？由于在 sigmoid() 函数内部的表达式也需要对 $w_{j,k}$ 进行微分，因此我们对 S 函数微分项再次应用链式法则。这也非常容易，答案很简单，为 o_j。

在写下最后的答案之前，让我们把在前面的 2 去掉。我们只对误差函数的斜率方向感兴趣，这样我们就可以使用梯度下降的方法，因此可以去掉 2。只要我们牢牢记住需要什么，在表达式前面的常数，无论是 2、3 还是 100，都无关紧要。因此，去掉这个常数，让事情变得简单。

这就是我们一直在努力要得到的最后答案，这个表达式描述了误差函数的斜率，这样我们就可以调整权重 $w_{j,k}$ 了。

$$\frac{\partial E}{\partial w_{j,k}} = -(t_k - o_k) \cdot sigmoid(\Sigma_j w_{j,k} \cdot o_j)(1 - sigmoid(\Sigma_j w_{j,k} \cdot o_j)) \cdot o_j$$

嘿！我们成功做到了！

这就是我们一直在寻找的神奇表达式，也是训练神经网络的关键。

这个表达式值得再次回味，颜色标记有助于显示出表达式的各个部分。第一部分，非常简单，就是（目标值 - 实际值），我们对此已经很清楚了。在 sigmoid 中的求和表达式也很简单，就是进入最后一层节点的信号，我们可以称之为 i_k，这样它看起来比较简单。这是应用激活函数之前，进入节点的信号。最后一部分是前一隐藏层节点 j 的输出。读者要有一种意识，明白在这个斜率的表达式中，实际涉及哪些信息并最终优化了权重，因此读者值得仔细观察这些表达式、这些项。

这是一个非常奇妙的结果，很多人难以理解这些内容。我们应该为自己感到高兴。

我们还需要做最后一件事情。我们所得到的这个表达式，是为了优化隐藏层和输出层之间的权重。现在，我们需要完成工作，为输入层和隐藏层之间的权重找到类似的误差斜率。

同样，我们可以进行大量的代数运算，但是不必这样做。我们可以很简单地使用刚才所做的解释，为感兴趣的新权重集重新构建一个表达式。

- 第一部分的（目标值 - 实际值）误差，现在变成了隐藏层节点中重组的向后传播误差，正如在前面所看到的那样。我们称之为 e_j。

- sigmoid 部分可以保持不变，但是内部的求和表达式指的是前一层，因此求和的范围是所有由权重调节的进入隐藏层节点 j 的输入。我们可以称之为 i_j。
- 现在，最后一部分是第一层节点的输出 o_i，这碰巧是输入信号。

这种巧妙的方法，简单利用问题中的对称性构建了一个新的表达式，避免了大量的工作。这种方法虽然很简单，但却是一种很强大的技术，一些天赋异禀的数学家和科学家都使用这种技术。你肯定可以使用这个技术，给你的队友留下深刻印象。

因此，我们一直在努力达成的最终答案的第二部分如下所示，这是我们所得到误差函数斜率，用于输入层和隐藏层之间权重调整。

$$\frac{\partial E}{\partial w_{i,j}} = -(e_j) \cdot \text{sigmoid}\left(\Sigma_i w_{i,j} \cdot o_i\right)\left(1 - \text{sigmoid}\left(\Sigma_i w_{i,j} \cdot o_i\right)\right) \cdot o_i$$

现在，我们得到了关于斜率的所有关键的神奇表达式，可以使用这些表达式，在应用每层训练样本后，更新权重，在接下来的内容中我们将会看到这一点。

记住权重改变的方向与梯度方向相反，正如我们在先前的图中清楚看到的一样。我们使用学习因子，调节变化，我们可以根据特定的问题，调整这个学习因子。当我们建立线性分类器，作为避免被错误的训练样本拉得太远的一种方式，同时也为了保证权重不会由于持续的超调而在最小值附近来回摆动，我们之前也见到过学习因子。让我们用数学的形式来表达这个因子。

$$\text{new } w_{j,k} = \text{old } w_{j,k} - \alpha \cdot \frac{\partial E}{\partial w_{j,k}}$$

更新后的权重 $w_{j,k}$ 是由刚刚得到的误差斜率取反来调整旧的权重而得到的。正如我们先前所看到的，如果斜率为正，我们希望减小权重，如果斜率为负，我们希望增加权重，因此，我们要对斜率取反。符号 α 是一个因子，这个因子可以调节这些变化的强度，确保不会超调。我们通常称这个因子为学习率。

这个表达式不仅适用于隐藏层和输出层之间的权重，而且适用于输入层和隐藏层之间的权重。差值就是误差梯度，我们可以使用上述两个表达式来计算这个误差梯度。

如果我们试图按照矩阵乘法的形式进行运算，那么我们需要看看计算的过程。为了有助于理解，我们将按照以前那样写出权重变化矩阵的每个元素。

$$\begin{pmatrix} \Delta w_{1,1} & \Delta w_{2,1} & \Delta w_{3,1} & \dots \\ \Delta w_{1,2} & \Delta w_{2,2} & \Delta w_{3,2} & \dots \\ \Delta w_{1,3} & \Delta w_{2,3} & \Delta w_{j,k} & \dots \\ \dots & \dots & \dots & \dots \end{pmatrix} = \begin{pmatrix} E_1 * S_1(1-S_1) \\ E_2 * S_2(1-S_2) \\ E_k * S_k(1-S_k) \\ \dots \end{pmatrix} \cdot \begin{pmatrix} o_1 & o_2 & o_j & \dots \end{pmatrix}$$

下一层的值

前一层的值

由于学习率只是一个常数，并没有真正改变如何组织矩阵乘法，因此我们省略了学习率 α。

权重改变矩阵中包含的值，这些值可以调整链接权重 $w_{j,k}$，这个权重链接了当前层节点 j 与下一层节点 k。你可以发现，表达式中的第一项使用下一层（节点 k）的值，最后一项使用前一层（节点 j）的值。

仔细观察上图，你就会发现，表达式的最后一部分，也就是单行的水平矩阵，是前一层 o_j 的输出的转置。颜色标记显示点乘是正确的方式。如果你不能确定，请尝试使用另一种方式的点乘，你会发现这是行不通的。

因此，权重更新矩阵有如下的矩阵形式，这种形式可以让我们通过计算机编程语言高效地实现矩阵运算。

$$\Delta W_{j,k} = \alpha \cdot E_k \cdot O_k(1 - O_k) \cdot O_j^T$$

实际上，这不是什么复杂的表达式。由于我们简化了节点输出 o_k，那些 sigmoid 已经消失了。

好了！任务完成。

关键点

- 神经网络的误差是内部链接权重的函数。
- 改进神经网络，意味着通过改变权重减少这种误差。
- 直接选择合适的权重太难了。另一种方法是，通过误差函数的梯度下降，采取小步长，迭代地改进权重。所迈出的每一步的方向都是在当前位置向下斜率最大的方向，这就是所谓的梯度下降。
- 使用微积分可以很容易地计算出误差斜率。

1.15 权重更新成功范例

我们来演示几个有数字的示例，让读者看看这种权重更新的方法是可以成功的。

下面的网络是我们之前演示过的一个，但是这次，我们添加了隐藏层第一个节点 $o_{j=1}$ 和隐藏层第二个节点 $o_{j=2}$ 的示例输出值。这些数字只是为了详细说明这个方法而随意列举的，读者不能通过输入层前馈信号正确计算得到它们。

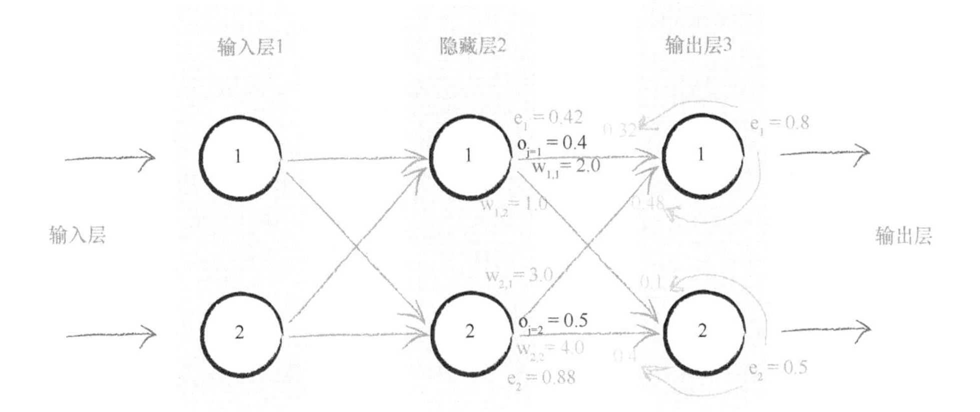

我们要更新隐藏层和输出层之间的权重 $w_{1,1}$。当前，这个值为 2.0。

让我们再次写出误差斜率。

$$\frac{\partial E}{\partial w_{j,k}} = -(t_k - o_k) \cdot sigmoid(\Sigma_j w_{j,k} \cdot o_j)(1 - sigmoid(\Sigma_j w_{j,k} \cdot o_j)) \cdot o_j$$

让我们一项一项地进行运算：

- 第一项（$t_k - o_k$）得到误差 $e_1 = 0.8$。
- S 函数内的求和 $\Sigma_j w_{j,k} o_j$ 为（2.0×0.4）+（3.0×0.5）= 2.3。
- sigmoid $1/(1 + e^{-2.3})$ 为 0.909。中间的表达式为 0.909×（1−0.909）= 0.083。
- 由于我们感兴趣的是权重 $w_{1,1}$，其中 j=1，因此最后一项 o_j 也很简单，也就是 $o_{j=1}$。此处，o_j 值就是 0.4。

将这三项相乘，同时不要忘记表达式前的负号，最后我们得到−0.0265。

如果学习率为0.1，那么得出的改变量为−（0.1×−0.02650)=＋0.002650。因此，新的 $w_{1,1}$ 就是原来的 2.0 加上 0.00265 等于 2.00265。

虽然这是一个相当小的变化量，但权重经过成百上千次的迭代，最终会确定下来，达到一种布局，这样训练有素的神经网络就会生成与训练样本中相同的输出。

1.16 准备数据

在本节中，我们要思考如何最好地准备训练数据，初始随机权重，甚至设计输出值，给训练过程一个成功的机会。

你没有看错！并不是所有使用神经网络的尝试都能够成功，这有许多原因。一些问题可以通过改进训练数据、初始权重、设计良好的输出方案来解决。让我们逐个讨论。

1.16.1 输入

仔细观察下图的 S 激活函数。你可以发现，如果输入变大，激活函数就会变得非常平坦。

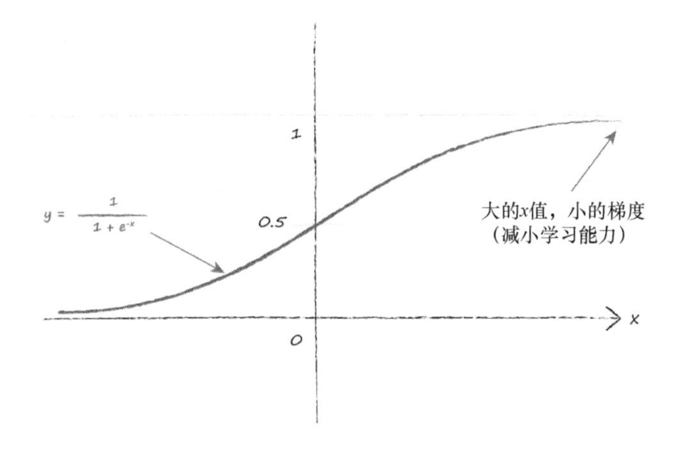

由于我们使用梯度学习新的权重，因此一个平坦的激活函数会出问题。

回头仔细观察关于权重变化的表达式。权重的改变取决于激活函数的梯度。小梯度意味着限制神经网络学习的能力。这就是所谓的饱和神经网络。这意味着，我们应该尽量保持小的输入。

有趣的是，这个表达式也取决于输入信号（o_j），因此，我们也不应该让输入信号太小。当计算机处理非常小或非常大的数字时，可能会丧失精度，因此，使用非常小的值也会出现问题。

一个好的建议是重新调整输入值，将其范围控制在 0.0 到 1.0。输入 0 会将 o_j 设置为 0，这样权重更新表达式就会等于 0，从而造成学习能力的丧失，因此在某些情况下，我们会将此输入加上一个小小的偏移，如 0.01，避免输入 0 带来麻烦。

1.16.2 输出

神经网络的输出是最后一层节点弹出的信号。如果我们使用的激活函数不能生成大于 1 的值，那么尝试将训练目标值设置为比较大的值就有点愚蠢了。请记住，逻辑函数甚至不能取到 1.0，只能接近 1.0。数学家称之为渐近于 1.0。

下图清楚地表明，逻辑激活函数的输出值根本不可能大于 1.0、小于 0。

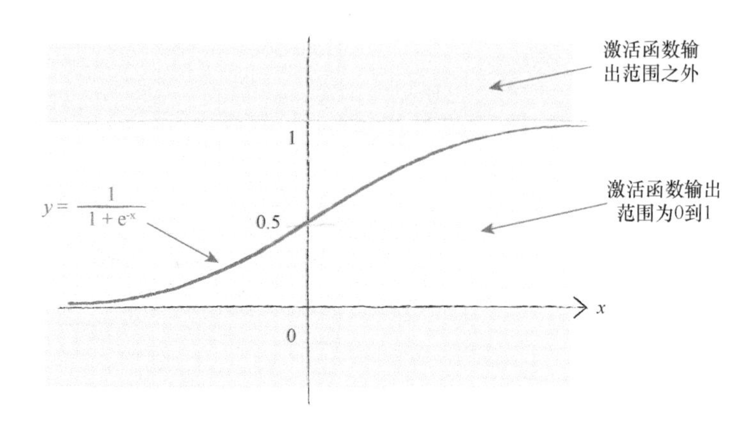

如果我们将目标值设置在这些不可能达到的范围，训练网络将会驱使更大的权重，以获得越来越大的输出，而这些输出实际上是不可能由激活函数生成的。这使得网络饱和，因此我们知道这种情况是很糟糕的。

因此，我们应该重新调整目标值，匹配激活函数的可能输出，注意避开激活函数不可能达到的值。

虽然，常见的使用范围为 0.0 ～ 1.0，但是由于 0.0 和 1.0 这两个数也不可能是目标值，并且有驱动产生过大的权重的风险，因此一些人也使用 0.01 ～ 0.99 的范围。

1.16.3 随机初始权重

与输入和输出一样，同样的道理也适用于初始权重的设置。由于大的初始权重会造成大的信号传递给激活函数，导致网络饱和，从而降低网络学习到更好的权重的能力，因此应该避免大的初始权重值。

我们可以从 -1.0 ～ +1.0 之间随机均匀地选择初始权重。比起使用非常大的范围，比如说 -1000 ～ +1000，这是一个好得多的思路。

我们能做得更好吗？也许吧。

对于给定特定形状的网络以及特定的激活函数，数学家和计算机科学家曾进行过数学计算，制定出了经验法则，设置了随机初始权重。这是非常“特定的”！无论如何，让我们继续前进吧。

在此处，我们不纠结于计算细节，但是，其核心思想是，如果很多信号进入一个节点（这也是在神经网络中出现的情况），并且这些信号的表现已经不错了，不会太大，也不会分布得奇奇怪怪，那么在对这些信号进行组合并应用激活函数时，权重应该支持保持这些表现良好的信号。换句话说，我们不希望权重破坏了精心调整输入信号的努力。数学家所得到的经验规则是，我们可以在一个节点传入链接数量平方根倒数的大致范围内随机采样，初始化权重。因此，如果每个节点具有 3 条传入链接，那么初始权重的范围应该在从 $-1/\sqrt{3}$ 到 $+1/\sqrt{3}$，即 ±0.577 之间。如果每个节点具有 100 条传入链接，那么权重的范围应该在 $-1/\sqrt{100}$ 至 $+1/\sqrt{100}$，即 ±0.1 之间。

直觉上说，这是有意义的。一些过大的初始权重将会在偏置方向上偏置激活函数，非常大的权重将会使激活函数饱和。一个节点的传入链接越多，就有越多的信号被叠加在一起。因此，如果链接更多，那么减小权重的范围，这个经验法则是有道理的。

如果你已经熟悉从概率分布中进行采样的思想，那么这一经验法则实际上讲的是，从均值为 0、标准方差等于节点传入链接数量平方根倒数的正态分布中进行采样。但是，由于经验法则所假设的一些事情，如可替代的激活函数 tanh()、输入信号的特定分布等，可能不是真的，因此，我们不必太担心要精确正确地理解这个法则。

下图总结了简单的方法和比较复杂的正态分布方法。

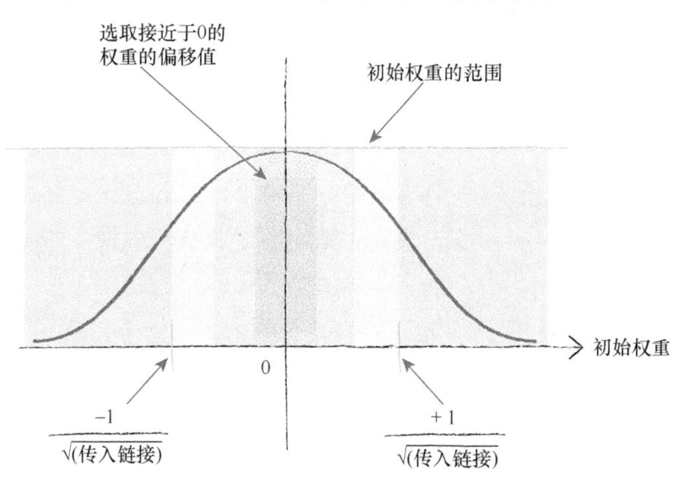

不管你做什么，禁止将初始权重设定为相同的恒定值，特别是禁止将初始权重设定为 0。要不然，事情会变得很糟糕。

如果这样做，那么在网络中的每个节点都将接收到相同的信号值，每个输出节点的输出值也是相同的，在这种情况下，如果我们在网络中通过反向传播误差更新权重，误差必定得到平分。你还记得误差按权重比例进行分割吧！那么，这将导致同等量的权重更新，再次出现另一组值相等的权重。由于正确训练的网络应该具有不等的权重（对于几乎所有的问题，这是极有可能的情况），那么由于这种对称性，你将永远得不到这种网络，因此这是一种很糟糕的情况。

由于 0 权重，输入信号归零，取决于输入信号的权重更新函数也因此归零，这种情况更糟糕。网络完全丧失了更新权重的能力。

你还可以做许多其他的事情，对如何准备输入数据、设置权重、组织所需的输出进行优化。在本书中，以上的思想很容易理解，也可以得到一个相当好的效果，因此，我们就此打住。

关键点

- 如果输入、输出和初始权重数据的准备与网络设计和实际求解的问题不匹配，那么神经网络并不能很好地工作。
- 一个常见的问题是饱和。在这个时候，大信号（这有时候是由大权重带来的）导致了应用在信号上的激活函数的斜率变得非常平缓。这降低了神经网络学习到更好权重的能力。
- 另一个问题是零值信号或零值权重。这也可以使网络丧失学习更好权重的能力。
- 内部链接的权重应该是随机的，值较小，但要避免零值。如果节点的传入链接较多，有一些人会使用相对复杂的规则，如减小这些权重的大小。
- 输入应该调整到较小值，但不能为零。一个常见的范围为0.01~0.99，或-1.0~1.0，使用哪个范围，取决于是否匹配了问题。
- 输出应该在激活函数能够生成的值的范围内。逻辑S函数是不可能生成小于等于0或大于等于1的值。将训练目标值设置在有效的范围之外，将会驱使产生越来越大的权重，导致网络饱和。一个合适的范围为0.01~0.99。

第 2 章　使用Python进行DIY

“纸上得来终觉浅，绝知此事须躬行。”
“不积跬步，无以至千里。”

在本节中，我们将亲自动手制作神经网络。

正如你先前所了解到的，这需要进行海量的计算，因此我们将使用一台计算机。计算机可以不知疲倦、准确快速地进行大量计算。

我们会使用计算机理解的指令，告诉计算机做些什么。计算机难以准确而正确地理解人类语言，如英语、法语或西班牙语。事实上，当人们互相交流时，要精确而正确地理解对方，也可能会遇到困难，在这方面，计算机不可能比人类表现得更加出色。

2.1 Python

我们将使用一种叫做 Python 的计算机语言。由于 Python 简单易学，因此它是一种合适的入门语言。阅读和理解其他人编写的 Python 的指令，也是很容易的。Python 很受欢迎，应用在许多不同的领域，包括科研、教学、全球范围内的基础设施、数据分析和人工智能领域。在学校中，人们越来越多地开始教授 Python，极受欢迎的树莓派使得 Python 为更多的人可用，包括儿童和学生。

附录 B 包括了一个指南，指导读者设置树莓派 Zero，完成本书所介绍的使用 Python 制作自己的神经网络的工作。树莓派 Zero 是物美价廉的小型计算机，目前的价格为 4 英镑或 5 美元。注意，这不是拼写错误，它确实只卖 4 英镑。

关于 Python 或任何其他计算机语言，虽然你要学习的内容还很多，但是，在本书中，我们只是关注制作神经网络，只学习足够的 Python 知识来实现这一目标。

2.2 交互式 Python = IPython

我们无需通过易出错的步骤为计算机安装 Python，以及进行数学计算和画图所需的各种扩展包。在这里，我们将使用一个预先打包的解决方案，称为 IPython。

IPython 中包含了 Python 编程语言以及几种常见的数字和数据绘图扩展包，这包括了我们需要的工具。IPython 也有一些优势，如交互式 Notebook，这种交互式Notebook的行为就像笔和纸质记事本，非常适合尝试我们的想法，让我们立即看到结果，然后再次改变一些想法……操作非常容易，不花哨。这样，我们不必担心程序文件、解释器和程序库会分散注意力，从而干扰了我们正在尝试的事情，特别是当这些程序不能按预期工作的时候，更是如此。

这个 ipython.org 网站可以提供一些选项，告诉你从何处获得预先打包的 IPython。我正在使用的是从 www.continuum.io/downloads 下载的 Anaconda 包，如下图所示。

Anaconda for Windows

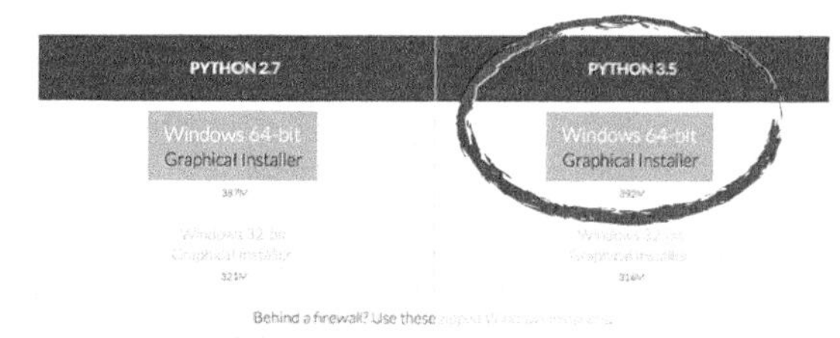

Windows Anaconda Installation

1. Download the installer.
2. Double-click the .exe file to install Anaconda and follow the instructions on the screen.
3. Optional: Verify data integrity with MD5.

Anaconda for OS X

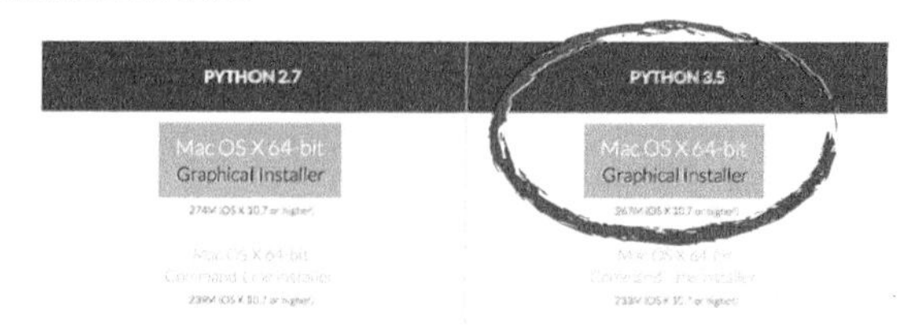

这个网站的页面可能已经改变了外形，因此，如果发现网站改变了，请不要怀疑。首先，找到与你的计算机系统兼容的版本，这可能是Windows系统、苹果Mac的OS X系统或Linux系统。找到对应的系统后，确保你下载的是Python 3.5版本，而不是Python 2.7版本。

采用Python 3是大势所趋，这是未来的方向。虽然Python 2.7版已经得到了大家的认可，但是我们需要展望未来，尽可能地使用Python 3，特别是对于新项目而言。大多数计算机是64位的芯片，因此，请确定你所下载的Python版本是64位的。只有大约10多年前的计算机才有可能需要32位的旧版本。

按照网站的说明，在你的计算机上安装Python。Python是为了易于使用而设计的，因此安装IPython应该很简单，不会造成任何问题。

2.3 优雅地开始使用Python

我们假设你现在有机会获得IPython，并根据安装说明顺利安装了软件。

2.3.1 Notebook

一旦我们点击“New Notebook”开始使用Notebook，就会出现一个空的Notebook，如下所示。

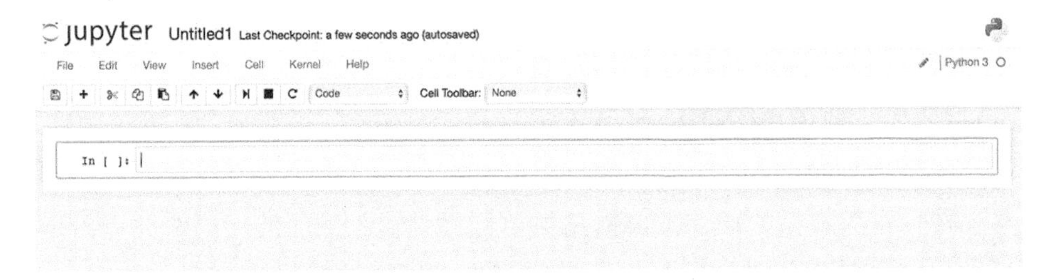

这个Notebook是交互式的，这意味着它等待你提出要求，提出要做的事情，然后，Notebook就执行这些命令，并在Notebook中给出答案。然后，再次等待你的下一条指令或问题。这就像一台具有计算天赋、不知疲倦的机器人管家。

如果你想做的事情相对复杂，那么将这个问题分解为几个部分比较合理。通过这种方式，你可以相对容易地组织思想，同时也比较容易找到大工程的哪一部分出了问题。对于 IPython 而言，我们称这些部分为单元格（cell）。如果上述 IPython Notebook 有一个初始的空单元格，那么你可以看到闪烁的输入插入符号，等待你输入指令。

让我们指示计算机做一些事情吧！我们要求计算机进行两个数相乘的运算，比如说，2 乘以 3。我们输入“2 * 3”到单元格中，单击运行单元格按钮，这个按钮看起来像一个音频播放按钮。请记住，不要输入引号。计算机可以快速理解你的意思，在屏幕上返回答案，如下所示。

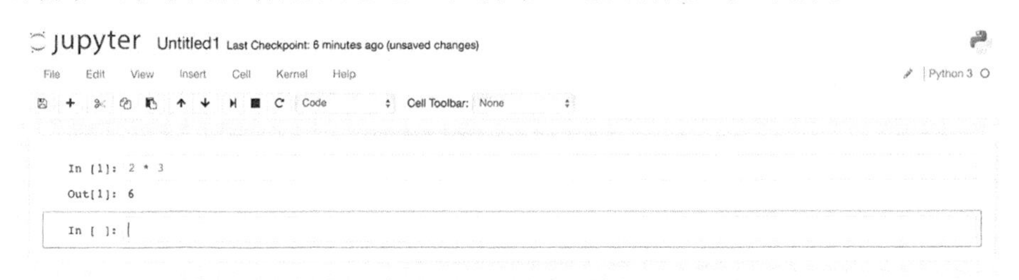

你可以看到正确显示的答案“6”。我们刚刚使用 Python 对计算机发布了第一条指令，并成功获得了正确的结果。这是我们的第一个计算机程序！ Ipython 将你的问题标记为“In [1]”，答案标记为“Out [1]”，不要被这个分散注意力。

这只是 Python 提示你的提问（输入）和它的回答（输出）的方式。

这些数字是你提问的顺序和它回答的顺序，如果你要在 Notebook 中上下翻阅、调整和补发指令，这些数字有助于你追踪指令。

2.3.2 简单的Python

我们说 Python 是一种简单的计算机语言，指的就是这个意思。接下来，在标记为“In [ ]”、准备就绪的单元格中输入下面的代码，并点击运行。我们经常使用“代码”这个单词来表示使用计算机语言编写的指令。如果你觉得移动指针点击运行按钮太过麻烦，那么请像我这样做，使用键盘快捷键 Ctrl-Enter 来代替。

```
print("Hello World!")
```

你应该得到一个回应，这个回应就是简单地打印出短语“Hello World！”，如下所示。

你可以发现，发出第 2 条指令打印的“Hello World！”，并没有移除先前指令的单元格和输出的答案。当你从容不迫地构建包含有几个部分的解决方案时，这是大有裨益的。

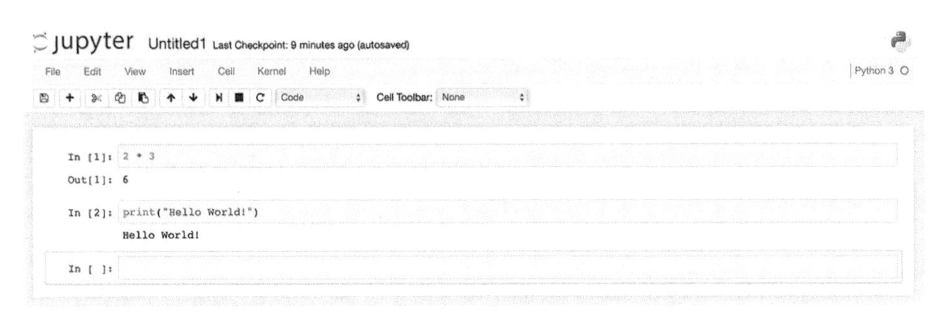

现在，让我们观察一下输入下面的代码会发生什么，这引入了一个关键的思想。在新的单元格中，输入这些代码并运行。如果没有新的空单元格，那么请单击看起来是个加号、工具提示为“Insert Cell Below”的按钮。

```
x = 10
print(x)
print(x+5)

y = x+7
print(y)

print(z)
```

第一行的“x = 10”看起来像数学声明，告诉我们 x 等于 10。在 Python 中，这意味着 x 被设置为 10，也就是说，10 被放在了称为 x 的虚拟盒子中。这非常简单，如下图所示。

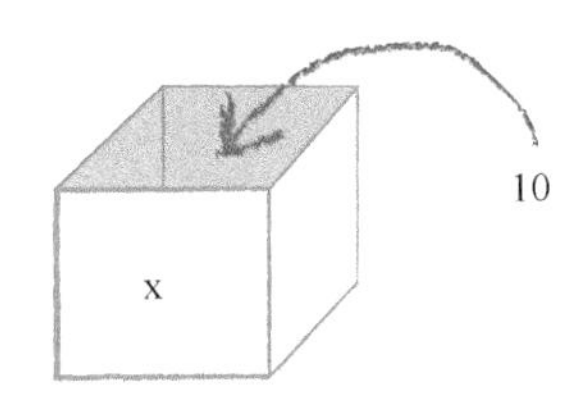

10 就待在这个盒子中，直到有更新的通知。由于之前使用过打印指

令，因此我们对“print(x)”也不必太过惊讶。这可以打印出 x 的值，也就是“10”。为什么这个指令不打印出字母“x”呢？这是因为 Python 总是尽可能地计算它所能计算的一切事情，x 可以被评估为 10，因此 Python 就打印出了 10。下一行“print (x+5)”就是计算 $x + 5$ 的结果，也就是 $10 + 5$ 或 15，因此，我们预期程序会打印出“15”。

如果按照 Python 会计算它所能计算的一切这个想法，那么下一项“$y = x+7$”，你也不难计算得到。老师告诉我们，这是将值赋给标记为 y 的新盒子，但是这个值是多少呢？表达式为 $x + 7$，也就是 $10 + 7$ 或 17，因此 y 保存了值 17，下一行就应该打印出这个值。

如果我们还未像赋值给 x 和 y 那样赋值给 z，那么执行“print(z)”这行指令，会发生什么呢？我们会礼貌地得到一个错误信息，告知这种方式有错误，尽可能地帮助我们解决这个问题。我必须说，大多数计算机语言有一些错误消息，这些错误消息尽力帮我们解决问题，但不一定能够成功。

下图显示了上述代码的结果，包括礼貌地用于帮助用户的错误消息，即“name z is not defined”。

这些保存了 10 和 17 的值、标签为 x 和 y 的盒子，我们称之为变量。

在计算机语言中，我们通常使用变量组成一套通用的指令，就像数学家使用“X”和“Y”这样的表达式做出一般性的陈述。

2.3.3 自动化工作

计算机非常适合多次重复执行类似的任务，它们不介意多次重复执行类似的任务，相比于人类使用计算器，它们的速度非常快！让我们来看看，假设让计算机打印出前10个整数的平方，从0的平方开始，然后是1的平方、2的平方等。我们预期可以观察到输出，如0、1、4、9、16、25等。

我们也可以自己进行计算，然后使用一组指令，如“print (0)”“print (1)”“print (4)”等。虽然这也可以成功，但是并未让计算机为我们执行计算任务。更重要的是，我们错过了，拥有一组通用指令集，打印出任何特定数字的平方的机会。要做到这一点，我们需要学会几个新思路，这样就可以很轻松地达到目标了。

在下一个准备就绪的单元格中输入以下代码，然后运行代码。

```
list( range(10) )
```

你会得到10个数字的列表，从0到9。我们让计算机执行任务，创建列表，而不需要亲自做这个工作，这真是太棒了。我们是主人，计算机是仆人！

```
In [8]: list( range(10) )
Out[8]: [0, 1, 2, 3, 4, 5, 6, 7, 8, 9]
```

你也许会感到惊讶，列表是从0到9，而不是从1到10。这是由于许多计算机相关的事情是从0开始，而不是从1开始的。我也曾经认为计算机列表是从1开始而不是从0开始的，这种想法多次绊倒了我。在执行计算或多次应用迭代函数时，创建有序列表来计数是非常有帮助的。

你可能已经注意到，我们遗漏了关键字“print”，当我们打印短语“Hello World！”时，使用了这个关键字，但是，在计算2 * 3时，没有使用这个关键字。由于Python知道我们希望看到所发出指令的结果，因此当我们以交互的方式与Python一起工作时，关键字“print”是可选的。

让计算机重复做事情的一种很常见的方式是使用称为循环的代码结构。循环确实给读者带来了一种印象，就是一件事情潜在无止境地来回运行。我们不会去定义循环，而只是简单地演示循环。在一个新的单元格中输入并运行下列代码。

```
for n in range(10):
    print(n)
    pass
print("done")
```

这里有三样新事物，让我们来理解一下。第一行是“range(10)”，它创建了 0 到 9 的数字列表，正如我们先前所见到的那样。

“for n in”创建了一个循环，在这个例子中，它对在列表中的每个数字都做了一些事情，将当前的值赋予变量 n 来保持计数。我们先前介绍过变量，这就像是在第一个循环期间将 0 赋值给 n，然后是 n=1、n=2，直到列表的最后一项 n=9。

下一行“print(n)”就是简单地打印 n 的值。我们预期要打印列表中的所有数字。但是，在“print(n)”之前，应注意缩进。在 Python 中，缩进的使用是有意识地显示哪些指令在其他指令的管辖之下，因此缩进很重要，在这个例子中，这就是由“for n in...”所创建的循环。“pass”指令标志循环的结束，下一行就回到正常的缩进，不再是循环的一部分了。这意味着“done”只能打印一次，而不是 10 次。下图显示出了输出，这正如我们所预期的那样。

```
Out[8]: [0, 1, 2, 3, 4, 5, 6, 7, 8, 9]

In [12]: for n in range(10):
             print(n)
             pass
         print("done")

         0
         1
         2
         3
         4
         5
         6
         7
         8
         9
         done
```

现在，我们应该很清楚，通过打印“n*n”，可以打印出数字的平方。事实上，我们可以打印出如“The square of 3 is 9”这样的短语，使得输出更有帮助。下面的代码显示了我们对循环内部重复执行的打印指令做了一点调整。请注意，不在引号内的变量都是要进行计算的变量。

```
for n in range(10):
    print("The square of", n, "is", n*n)
    pass
print("done")
```

其结果如下所示。

```
In [13]: for n in range(10):
             print("The square of", n, "is", n*n)
             pass
         print("done")

         The square of 0 is 0
         The square of 1 is 1
         The square of 2 is 4
         The square of 3 is 9
         The square of 4 is 16
         The square of 5 is 25
         The square of 6 is 36
         The square of 7 is 49
         The square of 8 is 64
         The square of 9 is 81
         done
```

这已经相当强大！我们挖掘出了计算机的潜力，只使用一组很短的指令就快速地执行大量的工作。我们可以很容易使用 range(50)，甚至如果我们喜欢，可以使用 range（1000），让循环迭代的数字变得很大。你可以尝试一下！

2.3.4 注释

在我们介绍更多更强大的Python命令之前，先来看看以下简单的代码。

```
# the following prints out the cube of 2
print(2**3)
```

第一行的开头是哈希符号 #。Python 将忽略使用哈希符号 # 开头的行。

这些语句并不是一无是处，我们可以使用这些行，写上有意义的代码注释，使得其他读者对代码更清晰，甚至在以后我们返回来看代码的时候，这对我们也很有帮助。

对代码进行注释，特别对那些相对复杂或不太明显的代码进行注释，相信我，将来你会对此感激不尽的。我曾经多次试图解码自己的代码，经常自问“当时，我是怎么想的……”

2.3.5 函数

之前，在本书的第 1 章中，我们花了很多时间探讨数学函数。我们将函数视为机器，接受输入，做一些工作，然后弹出输出。这些函数能够经受住考验，可以反复使用。

许多计算机语言，包括 Python 在内，都尽量使得创建可重用的计算机指令变得容易。就像数学函数，如果你能够足够明确地定义这些函数，这些可重用的代码片段就能独立存在，并且允许你写出更短、更优雅的代码。为什么较短的代码更好呢？这是因为通过函数名称多次调用函数，比多次写出函数内所有的代码要好得多。

我们说“足够明确的定义”是什么意思呢？在这里，这个词的意思是对函数预期输入很清楚，对函数生成的输出也很清楚。一些函数只接受数字作为输入，你不能提供由字母组成的单词给这些函数。

同样，当希望了解函数的简单思想时，最好的办法是观察一个简单的函数，并使用函数做一些有趣的事情。输入以下代码并运行。

```
# function that takes 2 numbers as input
# and outputs their average
def avg(x,y):
    print("first input is", x)
    print("second input is", y)
    a = (x + y) / 2.0
    print("average is", a)
    return a
```

我们来探讨一下在这里所做的事情。Python 忽略了以 # 开头的前两行，这是我们写的注释。下一行“def avg(x,y)”告诉 Python，我们要定义一个新的可重用函数。这就是关键字“def”的意思。“avg”这一项是我们给函数的名字。虽然我们可以称函数为“banana（香蕉）”或“pluto（冥王星）”，但是使用有意义的名字，可以提醒我们函数实际上所做的事情，这更为合理。在括号中的（x，y）这一项，告诉 Python 这个函数有两个输入参数，这两个输入在后面的函数定义内部称为 x 和 y。

一些计算机语言可能要让你明确这是什么类型的对象，但是Python不会要求你这样做，Python只会在你试图滥用变量时，例如将字符当作数字使用或做其他疯狂的事情时，有礼貌地向你抱怨。

现在，我们已经通知了Python，要定义一个函数。我们需要确切地告诉它，这个函数是做什么事情的。函数的定义需要缩进，如上面的代码所示。一些语言使用大量的括号，明确表示哪些指令是属于哪一个程序的一部分，然而，Python的设计者认为，众多括号会让人眼花缭乱，难以一一对应，缩进使得了解程序的结构瞬间变得清晰可见，并变得比较轻松。由于人们很难发觉这些缩进，因此也有分歧意见，但是我喜欢采用缩进这个主意！在有时令人讨厌的计算机编程世界中，这是从中走出的一个最佳的人性化理念！由于avg（x，y）函数使用了我们已经明白的内容，因此它的定义非常容易理解。当调用这个函数时，它会打印出函数获得的第一个和第二个数字。

虽然打印出这些数字对求平均值不是必需的，但是我们这样做，是为了让读者真正清楚函数内部发生的事情。下一项计算（x + y）/ 2.0，并将值赋给名为a的变量。同样，我们再次打印出平均值，帮助读者明白代码做了什么事情。最后一条语句是“return a”，这是函数的结尾，告诉Python函数的输出是什么，就像我们之前讨论的机器一样。

当我们运行这段代码时，它似乎并没有执行任何事情。没有生成任何数字。这是因为我们只定义了函数，却没有使用函数。实际发生的情况是，Python已经记录了这个函数，并让这个函数准备就绪，以供我们想要调用这个函数时使用。

在接下来的单元格中输入“avg（2,4）”来调用这个函数，输入值为2和4。顺便说一句，在计算机编程世界中，我们称之为调用函数（calling a function）。我们会得到所期望的输出，函数会打印出相关的两个输入值和计算的平均值。由于在交互式的Python会话中调用了这个函数，因此会看到这个函数的结果。下面显示了函数定义以及以avg（2,4）和较大的值avg（200,301）调用函数所得到的结果。

你可以使用自己的输入值，运行代码，进行实验。

```
In [20]: # function that takes 2 numbers as input
         # and outputs their average
         def avg(x,y):
             print("first input is", x)
             print("second input is", y)
             a = (x + y) / 2.0
             print("average is", a)
             return a

In [21]: avg(2,4)

         first input is 2
         second input is 4
         average is 3.0

Out[21]: 3.0

In [23]: avg(200,301)

         first input is 200
         second input is 301
         average is 250.5

Out[23]: 250.5
```

你可能已经注意到，计算平均值的函数的代码用两个输入值的和除以2.0，而不是2。这是为什么呢？嗯，这是我不喜欢的Python的一个特点。如果使用2，由于Python认为2为整数，因此它会将结果向下调整到最接近的整数。对于avg(2,4)，由于6/2等于3，是一个整数，这还不错。但是对于avg(200,301)，平均值为501/2，等于250.5，这会向下调整为250。我认为这一切都非常愚蠢，但是如果你的代码不能够完全正确地执行，这值得你思考一番。除以2.0告诉Python，我们坚持使用具有小数部分的数字，而不希望结果向下调整为整数。

让我们祝贺自己定义了一个可重复使用的函数，无论是在数学领域还是在计算机编程领域，这都是最重要、最强大的元素之一。

当我们编码神经网络时，会使用可重用函数。例如，编写一个可重用的函数，计算S激活函数，这样我们就可以多次调用它，这是非常合理的。

2.3.6 数组

数组就是数值表格，它们非常便于使用。就像表格一样，你可以根据行数和列数来指示特定的单元。如果你想起电子表格，那么你应该知道，我们使用B1或C5这种方式来指示单元，这些单元中的值可以用于计算中，如C3 + D7。

当我们要编码神经网络时，将使用数组来表示输入信号、权重和输出信号的矩阵。并且不只是这些，当神经网络内部的信号前馈或误差在神经网络中反向传播时，我们还将使用数组来表示这些信号和误差。因此，让我们一起来熟悉数组。输入以下代码并运行它们。

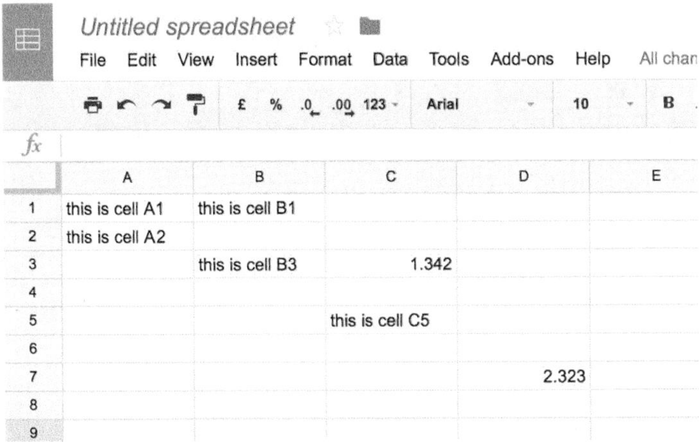

Untitled spreadsheet

File Edit View Insert Format Data Tools Add-ons Help All chan

	A	B	C	D	E
1	this is cell A1	this is cell B1			
2	this is cell A2				
3		this is cell B3	1.342		
4					
5			this is cell C5		
6					
7				2.323	
8					
9					

```
import numpy
```

这条命令做些什么呢？import命令告诉Python，从其他地方借助额外的力量，在它的区域中添加新的工具。有时候，这些额外的工具是Python中的一部分，但是这些工具还未准备就绪供大家使用。为了保持Python的精简，只有你要使用一些额外的工具时，Python才携带这些额外的工具。通常，这些额外的工具不是Python的核心部分，而是由其他人创建的，作为有用的附加功能贡献给大家使用。这里，我们引进了额外的一组工具，这组工具被打包为numpy模块。numpy非常受欢迎，这个模块包含了一些有用的工具（如数组）以及使用这些工具进行计算的能力。

在接下来的单元格中，输入以下代码。

```
a = numpy.zeros( [3,2] )
print(a)
```

这段代码使用导入的numpy模块，创建了3乘以2的数组，并且将所有单元的值都设置为0，我们将整个数组赋给了名为a的变量。然后，我们打印a。我们可以观察这个数组，这个数组就像是一个3行2列的表格，其中所有单元都为0。

```
In [2]: import numpy

In [3]: a = numpy.zeros( [3,2] )
        print(a)

        [[ 0.  0.]
         [ 0.  0.]
         [ 0.  0.]]
```

现在，让我们修改数组的内容，将其中一些0更改为其他值。下面的代码演示了如何指定特定单元，使用新值来覆盖旧值。这就像是指定电子表格的单元格或街道地图的网格一样。

```
a[0,0] = 1
a[0,1] = 2
a[1,0] = 9
a[2,1] = 12
print(a)
```

第一行代码将零行和零列的单元的值更新为1，无论此前该单元是什么值，都被覆盖了。其他行代码也进行了类似的更新，并且最后一行"print(a)"，打印出了最终结果。下图显示了改变后数组的样子。

```
In [2]: import numpy

In [3]: a = numpy.zeros( [3,2] )
        print(a)

        [[ 0.  0.]
         [ 0.  0.]
         [ 0.  0.]]

In [4]: a[0,0] = 1
        a[0,1] = 2
        a[1,0] = 9
        a[2,1] = 12
        print(a)

        [[  1.   2.]
         [  9.   0.]
         [  0.  12.]]
```

现在，既然我们理解了如何设置数组单元格的值，那如何无需打印出整个数组就可以查找数组单元格的值呢？我们已经在这样做了。可以简单地使用表达式，如[1,2]或[2,1]，来指定这些单元格，我们可以打印出这些单元格的内容，或将其赋给其他变量。下列代码显示的就是这种操作。

```
print(a[0,1])
v = a[1,0]
```

```
print(v)
```

从输出中可以观察到，第一条打印指令生成了 2.0 的值，这是在单元格 [0,1] 中的值。下一个在单元格 [1,0] 内的值被赋给了变量 v，程序打印出了这个变量，我们得到了预期的 9.0。

```
In [5]: print(a[0,1])
        v = a[1,0]
        print(v)

        2.0
        9.0
```

列和行的编号从 0 开始而不是从 1 开始的。左上的单元格是 [0,0] 不是 [1,1]。这也意味着右下单元格是 [2,1] 而不是 [3,2]。我总是忘记，在计算机世界上，许多事情从 0 开始而不是从 1 开始，因此这有时会让我抓狂。如果我们试图引用 [3,2]，会得到一个报错消息，告诉我们试图找的单元格并不存在。如果我们混淆了行和列，会得到相同的报错消息。让我们尝试访问不存在的 [0,2]，看看到底会报告什么错误消息。

```
In [6]: # trying to look up an array element that doesn't exist
        a[0,2]

        ---------------------------------------------------------------------------
        IndexError                                Traceback (most recent call last)
        <ipython-input-6-489d1c44975f> in <module>()
              1 # trying to look up an array element that doesn't exist
        ----> 2 a[0,2]

        IndexError: index 2 is out of bounds for axis 1 with size 2
```

在前馈信号或通过网络反向传播误差时，需要进行大量计算，通过使用数组或矩阵，我们可以简化指令，因此数组或矩阵非常有用。在本书第 1 章中，我们就已经看到了这一点。

2.3.7 绘制数组

就像大型的数字表格或数字列表一样，即使你非常仔细地观察大型的数组，也得不到任何深入的理解。可视化数组有助于我们快速获取数组的一般意义。绘制二维数字数组的一种方式是将它们视为二维平面，根据数组中单元格的值对单元格进行着色。你可以选择如何将单元格中的某个数值转换为某种色彩。

你可以简单地选择根据颜色标度，将数值转换为某种颜色，或者将超过某一阈值的单元格涂上黑色，剩余其他的一切单元格都涂为白色。

试着绘制先前创建的小小的 3×2 数组。

在绘制数组之前，我们需要扩展 Python 的能力，使其可以绘制图形。我们通过导入其他人编写的额外的 Python 代码来做到这一点。你可以将这种行为类比为从朋友处借来食谱，放在自己的书架上，这样你的书架有了额外的内容，和以前相比，你能够准备更多种菜肴了。

下面的代码展示了我们如何导入图形绘制功能。

```
import matplotlib.pyplot
```

“matplotlib.pyplot”是我们借用的新“食谱”的名字。你可能会遇到类似“import a module”或“import a library”这样的短语。这里只需写出要导入的额外 Python 代码的名字。如果你深入使用 Python，可能要经常导入额外的功能，通过复用他人开发的有用代码，使生活工作变得容易一些。你甚至可以自己创建有用的代码，与他人分享！

还有一件事要注意，在 IPython 中，要坚持在 Notebook 上绘制图形，不要试图在独立的外部窗口中绘制图形。我们发出了这个明确的指令，如下所示：

```
%matplotlib inline
```

现在，我们可以绘制数组了。输入以下代码并运行。

```
matplotlib.pyplot.imshow(a, interpolation="nearest")
```

创建绘图的指令是 imshow()，第一个参数是我们要绘制的数组。

最后一项“interpolation”是告诉 Python，不要为了让绘图看起来更加平滑而混合颜色，这是 Python 为了帮助我们而进行的缺省设置。让我们来看看输出。

```
In [8]: import matplotlib.pyplot
        %matplotlib inline

In [9]: matplotlib.pyplot.imshow(a, interpolation="nearest")

Out[9]: <matplotlib.image.AxesImage at 0x108917710>
```

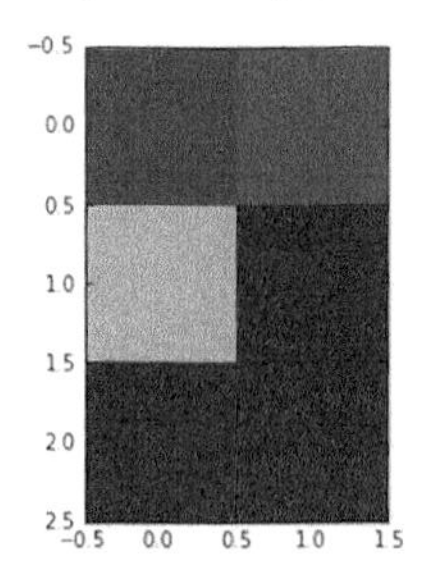

真是太精彩了！我们的第一幅图使用颜色显示了 3×2 的数组。你可以看到，具有相同值的数组单元颜色也相同。稍后，我们将使用相同的 imshow() 指令来可视化我们馈送到神经网络中的整个数组的值。

IPython 包有着各种各样、丰富的可视化数据的工具集。你应该仔细探索这些工具，感受各种可能的绘图方式，甚至可以使用这些工具试着自己绘图。即使是 imshow() 指令也具有许多绘图选项值得探索，例如，使用不同的调色板。

2.3.8 对象

我们再来学习一个 Python 的思想，即对象。由于我们只定义对象一次，却可以多次使用对象，因此对象类似于可重用函数。但是，比起简单的函数，对象可以做的事情要多得多。

要了解对象，最简单的方法就是观察它们的应用，而不是学习一大堆抽象的概念。让我们看看下列代码。

```
# class for a dog object
class Dog:

    # dogs can bark()
    def bark(self):
        print("woof!")
        pass

    pass
```

让我们从熟悉的内容开始。你可以看到，在代码内有一个函数名为 bark()。如果我们调用这个函数，就很容易看到这个动作，即在屏幕上打印出了“woof！”。这很容易吧！

现在，让我们来看看这个熟悉的函数定义。你可以看到关键字 class、名字“Dog”和一个看起来像函数的结构。这与函数的定义相似，也有一个名字。不同之处在于，函数使用关键字“def”来定义，而这里使用“class”来定义对象。

在深入讨论 class（类）与对象有何区别之前，让我们再一次看看一些真实而简单的代码，将这些抽象的思想带到生活中。

```
sizzles = Dog()
```

```
sizzles.bark()
```

可以看到第一行代码创建了一个名为 sizzles 的变量，这个变量看起来来自一个似是而非的函数调用。事实上，Dog() 是一个特殊的函数，这个函数创建了所定义的 Dog 类的一个实例。现在来看看如何从类的定义中创建出实例。我们称这些实例为对象。我们从 Dog 类的定义中创建了名为 sizzles 的对象，可以认为这个对象为一条狗（dog）。

下一行代码在 sizzles 对象上调用了 bark() 函数。由于我们明白什么是函数，因此对此并不陌生。有点不太熟悉的是所调用的函数 bark()，它好像是 sizzles 对象的一部分。这是因为所有创建自 Dog 类的对象都有 bark() 函数。可以在 Dog 类的定义中看到这个函数。

让我们使用简单的术语来描述发生了什么。我们创建了一种叫做 sizzles 的狗（Dog）。 sizzles 是一个对象，按照狗（Dog）类的形象创建。对象是类的实例。

下图显示了我们迄今所做的事情，也证实了 sizzles.bark() 确实输出 “woof！”

```
In [7]: # class for a dog object
        class Dog:

            # dogs can bark()
            def bark(self):
                print("woof!")
                pass

            pass

In [8]: sizzles = Dog()

In [9]: sizzles.bark()

        woof!
```

你可能已经发现了函数定义 bark（self）中的“self”。这似乎很奇怪，我对此也感到很奇怪。我非常喜欢 Python，但是我并不认为 Python 是完美的。“self” 之所以出现在那里，是为了当 Python 创建函数时，Python 能将函数赋予正确的对象。但是我个人的看法是：由于 bark() 是在类定义的内部，因此 Python 应该知道这个函数连接到了哪个对象，这是显而易见的。

让我们来看看所使用的对象和类。仔细观察下面代码。

```
sizzles = Dog()
mutley = Dog()

sizzles.bark()
mutley.bark()
```

运行这段代码，看看会发生什么。

```
In [4]: sizzles = Dog()
        mutley = Dog()

        sizzles.bark()
        mutley.bark()

        woof!
        woof!

In [ ]:
```

真有趣！我们创建了名为 sizzles 和 mutley 的两个对象。要意识到，重要的一点是这两个对象都创建自 Dog() 类的定义。这真是太强大了！我们定义了 Dog 的形象以及它们的行为，然后我们创建了真正的实例。

这就是类和对象之间的区别，类只是定义，对象是所定义类的真正实例。类是菜谱书中的蛋糕配方，对象是按照配方做出的一个蛋糕。下图生动地显示了从类的配方中，如何制作出对象。

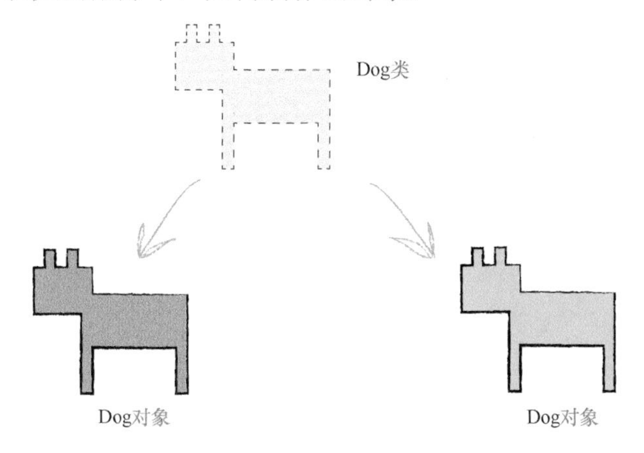

这些从类中创建的对象有什么作用呢？为什么要这么麻烦呢？不需要所有额外的代码，直接打印出单词“woof！”，岂不是更简单！

嗯，当你看到所有这些类型的对象都创建自相同的模板时，就会发现这是多么的有用处了。这种方法完全省去了单独创建每个对象的工作。但是，真正的好处源自于对象已经有了整齐封装在内的数据和函数。这种好处是对于人类的程序员而言的。如果代码片段能有组织地围绕着对象这个中心，并且这些代码是自然属于这个对象的，那么这有利于我们更容易地理解相对复杂的问题。狗吠。单击按钮。扬声器发出的声音。打印机打印，或声明缺纸。在许多计算机系统中，我们将按钮、扬声器和打印机表示为对象，并通过这些对象调用函数。

有时候，你会看到对象函数被称为方法（method）。在上述内容中，我们已经这样做了，我们添加了 bark() 函数到 Dog 类，使用 Dog 类创建的 sizzles 和 mutley 对象都具有 bark() 方法。在例子中，你看到它们都 bark（吠）了。神经网络需要接受某些输入，进行一些计算并产生输出。我们也知道可以训练神经网络。你可以看到，这些动作、训练和生成的答案，是神经网络的原生函数，即神经网络对象的函数。你应该记得，神经网络内部有数据，也就是链接权重，这些数据本来就是属于神经网络的。这就是我们把神经网络构建为对象的原因。

为了完整起见，让我们看看如何把数据变量添加到类中，并添加一些方法来观察和改变这些数据。仔细观察以下 Dog 类的新的定义。这里发生了几件事情，让我们一次讨论一件事情。

```
# class for a dog object
class Dog :

    # initialisation method with internal data
    def __init__(self, petname, temp) :
        self.name = petname;
        self.temperature = temp;

    # get status
    def status(self) :
        print("dog name is ", self.name)
        print("dog temperature is ", self.temperature)
        pass

    # set temperature
```

```
    def setTemperature(self,temp) :
        self.temperature = temp;
        pass

    # dogs can bark()
    def bark(self) :
        print("woof!")
        pass

    pass
```

首先要注意的事情是，我们添加了3个新函数到Dog类中。我们已经有了bark()函数，现在又有了新的函数，名为__init __()、status()和setTemperature()。很容易理解添加新函数。如果愿意，也可以添加名为sneeze()的新函数与bark()匹配。

但是，在函数名内部，似乎存在了新函数的变量名。setTemperature函数实际上是setTemperature（self, temp）。__init__ 函数实际上是 __init__（self, petname, temp）。在括号内，这些额外的项是什么？当函数被调用时，它们是函数所期望的变量，称为参数。记得我们先前所看到的求平均值函数avg（x，y）吗？avg()函数的定义明确需要2个数字。因此，__init__()需要一个petname和一个temp，setTemperature()函数只需要一个temp。

现在来看看这些新函数内部。首先，看看古怪的名为__init __()的函数。为什么给它取一个这么古怪的名字呢？这个名字很特别，当第一次创建对象时，Python会调用这个名为__init __()的函数。这对我们非常方便，在实际使用这个对象前，这个函数就做了准备对象这一工作。在这个神奇的初始化函数中，做了什么呢？我们似乎只创建了2个新变量，分别名为self.name和self.temperature。你可以从传递给函数的petname和temp变量中看到它们的值。“self.”部分意味着这个变量是这个对象本身的一部分，因此它有一个“self”。也就是说，这些变量只属于这个对象，而独立于其他Dog对象和Python中的一般变量。我们不希望混淆这只狗的名字与其他狗的名字！如果这听起来很复杂，不要担心，当实际运行一个真实的例子时，这是很容易明白的。

下一个是status()函数，这个函数非常简单。它不带任何参数，只是打印出Dog的对象名和温度变量。

最后是 setTemperature() 函数，这个函数确实有一个参数。当调用这个函数时，它将 self.temperature 设置为所提供的 temp 参数。这意味着，在创建对象之后，在任何时间内你都可以改变对象的温度。只要你喜欢，可以多次改变对象的温度。

我们避免谈及为何所有这些函数（包括 bark() 函数），都有一个“self”作为第一个参数。这是 Python 的特点，我觉得这个特点有点令人厌烦，但是这是 Python 演变的方式。这个参数的作用就是让 Python 明白，你要定义的函数属于对象，该对象称为“self”。你也许会认为，我们在类中编写函数，这应该是显而易见的吧。这甚至已经在专家级的 Python 程序员中引起了争论，对此，你不会惊讶吧，很多人都与你一样迷惑不解。

让我们再运作起来，观察这一切，使得这个概念变得清晰。下图显示了使用这些新函数定义的新 Dog 类以及名为 lassie 的新的 Dog 对象，我们使用参数将其命名为“Lassie”，设置初始温度为 37，创建了这个对象。

```
In [18]: # class for a dog object
         class Dog:

             # initialisation method with internal data
             def __init__(self, petname, temp):
                 self.name = petname;
                 self.temperature = temp;

             # get status
             def status(self):
                 print("dog name is ", self.name)
                 print("dog temperature is ", self.temperature)
                 pass

             # set temperature
             def setTemperature(self,temp):
                 self.temperature = temp;
                 pass

             # dogs can bark()
             def bark(self):
                 print("woof!")
                 pass

             pass

In [19]: # create a new dog object from the Dog class
         lassie = Dog("Lassie", 37)

In [20]: lassie.status()

         dog name is  Lassie
         dog temperature is  37
```

你可以发现，调用 Dog 对象 lassie 的 status() 函数可以打印出狗的名字和它当前的温度。从 lassie 被创建后，温度就从未被改变过。

现在，让我们改变温度，并通过请求另一个更新的状态，来检查在对象内部温度是否已经被改变了：

```
lassie.setTemperature(40)
lassie.status()
```

下面显示了结果。

```
In [19]: # create a new dog object from the Dog class
         lassie = Dog("Lassie", 37)

In [20]: lassie.status()

         dog name is  Lassie
         dog temperature is  37

In [22]: lassie.setTemperature(40)

In [23]: lassie.status()

         dog name is  Lassie
         dog temperature is  40
```

在 lassie 对象上调用 setTemperature（40），确实改变了对象内部的温度记录。

我们已经学到了很多对象相关的知识，其中有一些知识是高级主题，这些知识一点都不难，我们真的应该为自己感到高兴！我们已经掌握了足够的 Python 知识，可以开始制作神经网络了。

2.4 使用 Python 制作神经网络

现在，我们将开始旅程，使用我们刚刚学习的 Python 知识制作神经网络。

我们会沿着这个旅程，从简单开始，小步前进，逐步建立 Python 程序。

从小处入手，然后让程序慢慢长大，这是构建中等复杂度计算机代码的一种明智的方式。

在完成了刚才的工作之后，我们非常自然地从建立神经网络类的框架开始，让我们直接前进吧！

2.4.1 框架代码

让我们勾勒神经网络类的大概样子。我们知道，它应该至少有3个函数：

- 初始化函数——设定输入层节点、隐藏层节点和输出层节点的数量。
- 训练——学习给定训练集样本后，优化权重。

- 查询——给定输入，从输出节点给出答案。

目前，这些函数还未完全定义，也许还需要更多的函数，但是，就目前而言，让我们从这些函数起步。

所编写的代码框架如下所示：

```
# neural network class definition
class neuralNetwork :

    # initialise the neural network
    def __init__() :
        pass

    # train the neural network
    def train() :
        pass

    # query the neural network
    def query() :
        pass
```

这个开局不错。事实上，这是一个坚实的框架，在这个框架上，你可以充实神经网络工作的详细细节了。

2.4.2 初始化网络

从初始化网络开始。我们需要设置输入层节点、隐藏层节点和输出层节点的数量。这些节点数量定义了神经网络的形状和尺寸。我们不会将这些数量固定，而是当我们使用参数创建一个新的神经网络对象时，才会确定这些数量。通过这种方式，我们保留了选择的余地，轻松地创建不同大小的新神经网络。

在我们刚刚所做出决定中，其底层蕴含着一个重要意义。优秀的程序员、计算机科学家和数学家，只要可能，都尽力创建一般代码，而不是具体的代码。这是一种好习惯，它迫使我们以一种更深更广泛的适用方式思考求解问题。如果能做到这点，就意味着我们的解决方案可以适用于不同的场景。在此处，这意味着，我们将尽可能地为神经网络开发代码，使神经网络保持尽可能多地开放有用的选项，并将假设降低到最低限度，从而使代码很容易根据不同需要得到使用。我们希望同一个类可以创建一个小型的神经网络，也可创建一个大型的神经网络——只需传递所需的大小给参数即可。

同时也请不要忘了学习率。当创建新的神经网络时，这也是待设置的有用参数。让我们看看 __init__() 函数是什么样子的：

```
    # initialise the neural network
    def __init__( self , inputnodes, hiddennodes, outputnodes,
learningrate ) :
        # set number of nodes in each input, hidden, output layer
        self.inodes = inputnodes
        self.hnodes = hiddennodes
        self.onodes = outputnodes

        # learning rate
        self.lr = learningrate
        pass
```

让我们使用所定义的神经网络类，尝试创建每层 3 个节点、学习率为 0.5 的小型神经网络对象。

```
# number of input, hidden and output nodes
input_nodes = 3
hidden_nodes = 3
output_nodes = 3

# learning rate is 0.5
learning_rate = 0.5

# create instance of neural network
n = neuralNetwork(input_nodes,hidden_nodes,output_nodes,
learning_rate)
```

当然，这段代码创建了一个对象，但是由于我们还没有编码任何函数执行实际的工作，因此这个对象还没有任何用途。没关系，从小处着眼，让代码逐步成长，在通往目标的途中，查找并解决问题，这是一种很好的技术。

为了确保读者没有迷失方向，下图显示了在这个阶段的 IPython Notebook，其中包含了神经网络类的定义以及创建对象的代码。

下一步该做些什么呢？我们已经告诉神经网络的对象，希望有多少个输入层节点、隐藏层节点和输出层节点，但是实际上，有关这个方面的任何工作都还没有开始进行呢。

2.4.3 权重——网络的核心

下一步是创建网络的节点和链接。网络中最重要的部分是链接权重，我们使用这些权重来计算前馈信号、反向传播误差，并且在试图改进网络时优化链接权重本身。

前面我们看到，可以使用矩阵简明地表示权重。因此，我们可以创建：

- 在输入层与隐藏层之间的链接权重矩阵 W_{input_hidden}，大小为 hidden_nodes 乘以 input_nodes。
- 在隐藏层和输出层之间的链接权重矩阵 W_{hidden_output}，大小为 hidden_nodes 乘以 output_nodes。

请谨记先前的规则，来看看为什么第一个矩阵的大小是 hidden_nodes 乘以 input_nodes，而不是 input_nodes 乘以 hidden_node。

请记住，在本书的第 1 章中，链接权重的初始值应该较小，并且是随机的。下面的 numpy 函数生成一个数组，数组中元素为 0 ～ 1 的随机值，数组的大小为 rows 乘以 columns。

```
numpy.random.rand( rows , columns )
```

所有优秀的程序员都使用互联网搜索引擎来查找关于使用酷炫的 Python 函数的在线文档，甚至找到了他们不知道的、已存在的非常实用的函数。Google 在查找关于编程的信息方面特别有用，例如此处描述的 numpy.random.rand() 函数。

如果要使用 numpy 的扩展包，那么需要在代码顶端导入库。

试试这个函数，并自己确认函数能够工作。下图显示了这个函数可以生成 3×3 的 numpy 数组。数组中的每个值都是 0 ～ 1 的随机值。

```
In [1]: import numpy

In [3]: numpy.random.rand(3, 3)

Out[3]: array([[ 0.8133122 ,  0.49193566,  0.14790496],
               [ 0.75997346,  0.15676617,  0.27449845],
               [ 0.03287221,  0.01884548,  0.17282894]])
```

我们其实可以做得更好。我们忽略了权重可以为正数也可以为负数。权重的范围可以在 -1.0 到 +1.0 之间。为了简单起见，我们可以将上面数组中的每个值减去 0.5，这样，在效果上，数组中的每个值都成为了 -0.5 到 0.5 之间的随机值。下图显示这个小诀窍成功了，你可以看到一些小于 0 的随机值。

```
In [5]: numpy.random.rand(3, 3) - 0.5

Out[5]: array([[ 0.143827  , -0.13728512,  0.24625022],
               [-0.41129188,  0.24551424, -0.43500754],
               [ 0.3188901 ,  0.06173198,  0.18406137]])
```

我们已经准备好了，在 Python 程序中创建初始权重矩阵。权重是神经网络的固有部分，与神经网络共存亡，它不是一个临时数据集，不会随着函数调用结束而消失。这意味着，权重必须也是初始化的一部分，并且可以使用其他函数（如训练函数和查询函数）来访问。

下面的代码包括了注释，创建了两个链接权重矩阵，并使用 self. inodes、self. hnodes 和 self. onodes 为两个链接权重矩阵设置了合适的大小。

```
# link weight matrices, wih and who
```

```
# weights inside the arrays are w_i_j, where link is from node
i to node j in the next layer
# w11 w21
# w12 w22 etc
self.wih = (numpy.random.rand(self.hnodes, self.inodes) - 0.5)
self.who = (numpy.random.rand(self.onodes, self.hnodes) - 0.5)
```

做得好！我们已经实现了神经网络的心脏——链接权重矩阵！

2.4.4 可选项：较复杂的权重

我们可以选择这种简单却是流行的优化初始权重的方式。

如果阅读本书第 1 章关于准备数据以及初始化权重的讨论，你将会发现，有些人更喜欢稍微复杂的方法来创建初始随机权重。他们使用正态概率分布采样权重，其中平均值为 0，标准方差为节点传入链接数目的开方，即 $1/\sqrt{传入链接数目}$。

在 numpy 程序库的帮助下，这是很容易实现的。同样，Google 可以帮助我们找到合适的文档。numpy.random.normal() 函数可以帮助我们以正态分布的方式采样。由于我们所需要的是随机矩阵，而不是单个数字，因此采用分布中心值、标准方差和 numpy 数组的大小作为参数。

此外，我们采用另一种做法，使用下一层的节点数的开方作为标准方差来初始化权重，其代码如下所示：

```
self.wih = numpy.random.normal ( 0.0 , pow(self.hnodes, -0.5) ,
(self.hnodes, self.inodes) )
self.who = numpy.random.normal ( 0.0 , pow(self.onodes, -0.5) ,
(self.onodes, self.hnodes) )
```

我们将正态分布的中心设定为 0.0。与下一层中节点相关的标准方差的表达式，按照 Python 的形式，就是 pow(self.hnodes, -0.5)，简单说来，这个表达式就是表示节点数目的 -0.5 次方。最后一个参数，就是我们希望的 numpy 数组的形状大小。

2.4.5 查询网络

接下来，顺理成章，我们现在应该编写训练神经网络的代码，填写当前空的 train() 函数。但是，还是等一下再写 train() 函数，让我们先编写简单的 query() 函数吧。这将会给我们更多的时间来逐步建立信心，获得使用 Python 和神经网络对象内部权重矩阵的实践经验。

query() 函数接受神经网络的输入，返回网络的输出。这个功能非常简单，但是，为了做到这一点，你要记住，我们需要传递来自输入层节点的输入信号，通过隐藏层，最后从输出层输出。你还要记住，当信号馈送至给定的隐藏层节点或输出层节点时，我们使用链接权重调节信号，还应用 S 激活函数抑制来自这些节点的信号。

如果有很多节点，那么我们就面临着一个很可怕的任务，即为这些节点中的每一个写出 Python 代码，进行权重调节，加和信号，应用激活函数。节点越多，代码越多。这简直是一场噩梦！好在我们知道了如何使用简单简洁的矩阵形式写出这些指令，因此无需这样做。下式显示了输入层和隐藏层之间的链接权重矩阵如何与输入矩阵相乘，给出隐藏层节点的输入信号。

$$X_{\text{hidden}} = W_{\text{input\_hidden}} \cdot I$$

这样做的好处，不仅是更容易书写，而且如 Python 这样的编程语言也可以理解矩阵，由于这些编程语言认识到所有这些基础计算之间的相似之处，它们可以非常有效率地完成所有实际工作。

你会惊讶于 Python 代码实际上是多么简单！以下代码应用了 numpy 代码库，将链接权重矩阵 $W_{\text{input\_hidden}}$ 点乘输入矩阵 I。

```
hidden_inputs = numpy.dot(self.wih, inputs)
```

计算结束！

这一段简单的 Python 完成了所有的工作，将所有的输入与所有正确的链接权重组合，生成了组合调节后的信号矩阵，传输给每个隐藏层节点。如果下一次选择使用不同数量的输入层节点或隐藏层节点，不必重写这段代码就可以进行工作。这种力量与优雅就是我们先前将精力投入到理解如何使用矩阵乘法的原因。

为了获得从隐藏层节点处出现的信号，我们简单地将 S 抑制函数应用到每一个出现的信号上：

$$O_{\text{hidden}} = \text{sigmoid}(X_{\text{hidden}})$$

如果在某个现成的 Python 库中，已经定义了这个 S 函数，那么这种操作就变得非常容易。果不其然！ SciPy Python 库有一组特殊的函数，在这组函数中，S 函数称为 expit()。不要问我为什么 S 函数有这样一个愚蠢的名字。可以像导入 numpy 程序库一样，导入 scipy 函数库：

```
# scipy.special for the sigmoid function expit()
import scipy.special
```

由于我们可能希望进行实验和调整，甚至完全改变激活函数，因此当神经网络对象初始化时，在神经网络对象内部只定义一次 S 函数，这么做是有道理的。在此之后，我们也多次引用了 S 函数，例如在 query() 函数中。这样的安排意味着只需要改变 S 函数的定义一次，而无需找到使用激活函数的每个位置以改变其代码。

在神经网络初始化部分的代码内部，下列代码定义了希望使用的激活函数。

```
# activation function is the sigmoid function
self.activation_function = lambda x: scipy.special.expit(x)
```

这是什么代码？它看起来不像我们以前见过的任何代码。lambda 是什么？这看起来可能有点令人生畏，但是实际上，这并不可怕。这里所做的一切就是创建一个函数，就像创建其他函数一样，不过我们使用了较短的方式将这个函数写出来了。我们不使用通常的 def() 来定义函数，在此，我们使用神奇的 lambda 来创建函数，方便又快捷。这个函数接受了 x，返回 scipy.special.expit(x)，这就是 S 函数。使用 lambda 创建的函数是没有名字的，经验丰富的程序员喜欢称它们为匿名函数，但是这里分配给它一个名字 self.activation_function()。所有这些事情意味着，无论何时任何人需要使用激活函数，那么他所需做的就是调用 self.activation_function()。

回到手上的任务，我们要将激活函数应用到组合调整后，准备进入隐藏层节点的信号。其代码与下面的代码一样简单：

```
# calculate the signals emerging from hidden layer
hidden_outputs = self.activation_function(hidden_inputs)
```

也就是说，隐藏层节点的输出信号在名为 hidden_outputs 的矩阵中。

这让信号到达了中间隐藏层，那么信号如何到达最终输出层呢？其实，在隐藏层节点和最终输出层节点之间没有什么本质的区别，因此过程也是一样的。这意味着代码也非常相似。

看看下面的代码，这些代码总结了我们如何计算隐藏层信号和输出层信号。

```
# calculate signals into hidden layer
hidden_inputs = numpy.dot(self.wih, inputs)
# calculate the signals emerging from hidden layer
hidden_outputs = self.activation_function(hidden_inputs)

# calculate signals into final output layer
final_inputs = numpy.dot(self.who, hidden_outputs)
# calculate the signals emerging from final output layer
final_outputs = self.activation_function(final_inputs)
```

如果删除注释，那么只有四行粗体显示的代码进行了所需的计算，两行为隐藏层，两行为最终输出层。

2.4.6 迄今为止的代码

让我们喘一口气，停下来，检查一下正在构建的神经网络类的代码看起来怎么样了。这看起来应该如下所示。

```
# neural network class definition
class neuralNetwork :


    # initialise the neural network
    def __init__(self, inputnodes, hiddennodes, outputnodes,
learningrate) :
        # set number of nodes in each input, hidden, output
layer
        self.inodes = inputnodes
        self.hnodes = hiddennodes
        self.onodes = outputnodes

        # link weight matrices, wih and who
        # weights inside the arrays are w_i_j, where link is
from node i to node j in the next layer
        # w11 w21
        # w12 w22 etc
        self.wih = numpy.random.normal(0.0, pow(self.hnodes,
-0.5), (self.hnodes, self.inodes))
```

```
        self.who = numpy.random.normal(0.0, pow(self.onodes,
-0.5), (self.onodes, self.hnodes))
        # learning rate
        self.lr = learningrate

        # activation function is the sigmoid function
        self.activation_function = lambda x:
scipy.special.expit(x)

        pass


    # train the neural network
    def train() :
        pass


    # query the neural network
    def query(self, inputs_list) :
        # convert inputs list to 2d array
        inputs = numpy.array(inputs_list, ndmin=2).T

        # calculate signals into hidden layer
        hidden_inputs = numpy.dot(self.wih, inputs)
        # calculate the signals emerging from hidden layer
        hidden_outputs =
    self.activation_function(hidden_inputs)

        # calculate signals into final output layer
        final_inputs = numpy.dot(self.who, hidden_outputs)
        # calculate the signals emerging from final output
layer
        final_outputs = self.activation_function(final_inputs)

        return final_outputs
```

这就是类的代码。除此之外，应该在 Notebook 的第一个单元格中，在代码顶部导入 numpy 和 scipy.special：

```
import numpy
# scipy.special for the sigmoid function expit()
import scipy.special
```

值得一提的是，query() 函数只需要 inputs_list。它不需要任何其他输入。

我们已经取得了很好的进展，现在，我们来看看缺少的 train() 函数。请记住，在训练神经网络的过程中有两个阶段，第一个阶段就是计算输出，如同 query() 所做的事情，第二个阶段就是反向传播误差，告知如何优化链接权重。

在继续编写 train() 函数并使用样本训练网络之前，让我们测试目前得到的所有的代码。我们创建一个小网络，使用一些随机输入查询网络，看看网络如何工作。显而易见，这样做不会有任何实际意义，只是为了使用刚刚创建的函数。

下图显示的是所创建的小型网络，其中，在输入层、隐藏层和输出层中，每层有 3 个节点，并且使用随机选择的输入（1.0，0.5，-1.5）查询网络。

```
In [3]: # number of input, hidden and output nodes
        input_nodes = 3
        hidden_nodes = 3
        output_nodes = 3

        # learning rate is 0.3
        learning_rate = 0.3

        # create instance of neural network
        n = neuralNetwork(input_nodes,hidden_nodes,output_nodes, learning_rate)

In [4]: n.query([1.0, 0.5, -1.5])

Out[4]: array([[ 0.45122712],
               [ 0.44630336],
               [ 0.49183299]])
```

你可以发现，神经网络对象的创建确实需要设置学习率，即使现在还不使用这个学习率。神经网络类的定义有一个初始化函数 __init__()，这个函数需要指定一个学习率。如果不设置学习率，Python 代码将不会成功运行，并且会抛出错误信息。

输入是一个列表，Python 语言将列表写在方括号内。输出也是数字列表。由于还没有训练网络，这个输出没有实际意义，但是我们还是很高兴代码没有出错。

2.4.7 训练网络

现在来解决这个稍微复杂的训练任务。训练任务分为两个部分：

- 第一部分，针对给定的训练样本计算输出。这与我们刚刚在query() 函数上所做的没什么区别。
- 第二部分，将计算得到的输出与所需输出对比，使用差值来指导网络权重的更新。

我们已经完成了第一部分，现在，先把这部分写出来：

```
# train the neural network
def train(self, inputs_list, targets_list):
    # convert inputs list to 2d array
    inputs = numpy.array(inputs_list, ndmin=2).T
    targets = numpy.array(targets_list, ndmin=2).T

    # calculate signals into hidden layer
    hidden_inputs = numpy.dot(self.wih, inputs)
    # calculate the signals emerging from hidden layer
    hidden_outputs = self.activation_function(hidden_inputs)

    # calculate signals into final output layer
    final_inputs = numpy.dot(self.who, hidden_outputs)
    # calculate the signals emerging from final output layer
    final_outputs = self.activation_function(final_inputs)

    pass
```

我们使用完全相同的方式从输入层前馈信号到最终输出层，所以这段代码与在 query() 函数中的几乎完全一样。

由于需要使用包含期望值或目标答案的训练样本来训练网络——因此唯一的区别是，这部分代码中有一个额外的参数，即在函数的名称中定义的 targets_list。

```
def train (self, inputs_list, targets_list)
```

这段代码还把 targets_list 变成了 numpy 数组，就像 inputs_list 变成 numpy 数组一样。

```
targets = numpy.array(targets_list, ndmin=2).T
```

现在，我们越来越接近神经网络工作的核心，即基于所计算输出与目标输出之间的误差，改进权重。

让我们按照轻柔可控的步骤，进行这种操作。

首先需要计算误差，这个值等于训练样本所提供的预期目标输出值与实际计算得到的输出值之差。这个差也就是将矩阵 targets 和矩阵 final_outputs 中每个对应元素相减得到的。Python 代码非常简单，这再次优雅地显示了矩阵的力量。

```
# error is the (target - actual)
output_errors = targets - final_outputs
```

我们可以计算出隐藏层节点反向传播的误差。请回忆一下如何根据所连接的权重分割误差，为每个隐藏层节点重组这些误差。对于这个计算过程，我们得到了其矩阵形式：

$$\mathbf{errors}_{hidden} = \mathbf{weights}^{T}_{hidden\_output} \cdot \mathbf{errors}_{output}$$

由于 Python 有能力使用 numpy 进行点乘，因此，这段代码再简单不过了：

```
# hidden layer error is the output_errors, split by weights,
recombined at hidden nodes
hidden_errors = numpy.dot(self.who.T, output_errors)
```

这样，我们就拥有了所需要的一切，可以优化各个层之间的权重了。对于在隐蔽层和最终层之间的权重，我们使用 output_errors 进行优化。对于输入层和隐藏层之间的权重，我们使用刚才计算得到的 hidden_errors 进行优化。

先前，我们得到了用于更新节点 j 与其下一层节点 k 之间链接权重的矩阵形式的表达式：

$$\Delta W_{j,k} = \alpha * E_k * sigmoid(\Sigma_j w_{j,k} \cdot O_j) * (1 - sigmoid(\Sigma_j w_{j,k} \cdot O_j)) \cdot O_j^T$$

α 是学习率，sigmoid 是先前看到的激活函数。请记住，* 乘法是正常的对应元素的乘法，• 点乘是矩阵点积。最后一点要注意，来自上一层的输出矩阵被转置了。实际上，这意味着输出矩阵的列变成了行。

在 Python 代码中，这种转换很容易。我们首先为隐藏层和最终层之间的权重进行编码。

```
# update the weights for the links between the hidden and output
layers
self.who += self.lr * numpy.dot( ( output_errors * final_outputs *
(1.0 - final_outputs) ) , numpy.transpose(hidden_outputs) )
```

虽然这是一段很长的代码，但是，彩色标记应该有助于发现代码与数学表达式的联系。学习率是 self.lr，它就是很简单地与表达式的其余部分进行相乘。我们使用 numpy.dot 进行矩阵乘法，红色的元素显示了与来自下一层的误差和 S 函数相关的部分，绿色的元素显示了与来自前一层转置输出矩阵的相关部分。

简单说来，+= 意思是将先前变量增加一个量。因此，x += 3，意思就是 x 增加 3。这是 x = x + 3 的简短写法。也可以使用这种方法表示其他运算，如 x /= 3 表示 x 除以 3。

用于输入层和隐藏层之间权重的代码也是类似的。我们只是利用对称性，重写代码，更换名字，这样它们指的就是神经网络的前一层了。下面是这两个权重集的代码，代码着色了，这样你可以发现它们之间的异同点：

```
# update the weights for the links between the hidden and output
layers
self. who += self.lr * numpy.dot(( output_errors * final_outputs *
(1.0 - final_outputs) ), numpy.transpose(hidden_outputs) )

# update the weights for the links between the input and hidden
layers
self. wih += self.lr * numpy.dot(( hidden_errors * hidden_outputs *
(1.0 - hidden_outputs) ), numpy.transpose(inputs) )
```

计算结束！

我们先前进行的所有工作、海量的计算、努力得到的矩阵方法、通过梯度下降法最小化网络误差……所有的这些都变成了以上简短而简洁的代码，这真是难以置信！在某种意义上，这是 Python 力量的表现，但是，实际上，这是我们努力工作并简化那些很容易变得复杂而可怕事情的结果。

2.4.8 完整的神经网络代码

我们已经完成了神经网络类。以下代码仅供参考，你可以通过以下链接访问 GitHub，这是一个共享代码的在线网站：

- https://github.com/makeyourownneuralnetwork/makeyourownneural network/blob/master/part2_neural_network.ipynb

```
# neural network class definition
class neuralNetwork :
    # initialise the neural network
    def __init__(self, inputnodes, hiddennodes, outputnodes,
learningrate) :
        # set number of nodes in each input, hidden, output layer
        self.inodes = inputnodes
        self.hnodes = hiddennodes
        self.onodes = outputnodes

        # link weight matrices, wih and who
        # weights inside the arrays are w_i_j, where link is from
node i to node j in the next layer
        # w11 w21
        # w12 w22 etc
        self.wih = numpy.random.normal(0.0, pow(self.hnodes, -0.5),
(self.hnodes, self.inodes))
        self.who = numpy.random.normal(0.0, pow(self.onodes, -0.5),
(self.onodes, self.hnodes))


        # learning rate
        self.lr = learningrate

        # activation function is the sigmoid function
        self.activation_function = lambda x: scipy.special.expit(x)

        pass


    # train the neural network
    def train(self, inputs_list, targets_list) :
        # convert inputs list to 2d array
        inputs = numpy.array(inputs_list, ndmin=2).T
```

```
        targets = numpy.array(targets_list, ndmin=2).T

        # calculate signals into hidden layer
        hidden_inputs = numpy.dot(self.wih, inputs)
        # calculate the signals emerging from hidden layer
        hidden_outputs = self.activation_function(hidden_inputs)

        # calculate signals into final output layer
        final_inputs = numpy.dot(self.who, hidden_outputs)
        # calculate the signals emerging from final output layer
        final_outputs = self.activation_function(final_inputs)
        # output layer error is the (target - actual)
        output_errors = targets - final_outputs
        # hidden layer error is the output_errors, split by weights,
recombined at hidden nodes
        hidden_errors = numpy.dot(self.who.T, output_errors)

        # update the weights for the links between the hidden and
output layers
        self.who += self.lr * numpy.dot((output_errors *
final_outputs * (1.0 - final_outputs)),
numpy.transpose(hidden_outputs))

        # update the weights for the links between the input and
hidden layers
        self.wih += self.lr * numpy.dot((hidden_errors *
hidden_outputs * (1.0 - hidden_outputs)), numpy.transpose
(inputs))
        pass


    # query the neural network
    def query(self, inputs_list) :
        # convert inputs list to 2d array
        inputs = numpy.array(inputs_list, ndmin=2).T

        # calculate signals into hidden layer
        hidden_inputs = numpy.dot(self.wih, inputs)
```

```
        # calculate the signals emerging from hidden layer
        hidden_outputs = self.activation_function(hidden_inputs)

        # calculate signals into final output layer
        final_inputs = numpy.dot(self.who, hidden_outputs)
        # calculate the signals emerging from final output layer
        final_outputs = self.activation_function(final_inputs)

        return final_outputs
```

这些代码可用于创建、训练和查询 3 层神经网络，进行几乎任何任务，这么看来，代码不算太多。

下一步，我们将进行特定任务，学习识别手写数字。

2.5 手写数字的数据集 MNIST

识别人的笔迹这个问题相对复杂，也非常模糊，因此这是一种检验人工智能的理想挑战。这不像进行大量数字相乘那样明确清晰。

让计算机准确区分图像中包含的内容，有时也称之为图像识别问题。科学家对这个问题进行了几十年的研究，直到最近，才取得了一些比较好的进展，如神经网络这样的方法则是构成这些飞跃的重要部分。

为了让你对图像识别究竟有多难有一个感性认识，举个例子，人类有时候对图像中包含的内容有不同意见。人们很容易对手写字符实际上是什么产生分歧意见，特别对于书写者非常匆忙或粗心大意时写下的手写字符，更是如此。看一看下面的手写数字，这是个 4 还是 9 ?

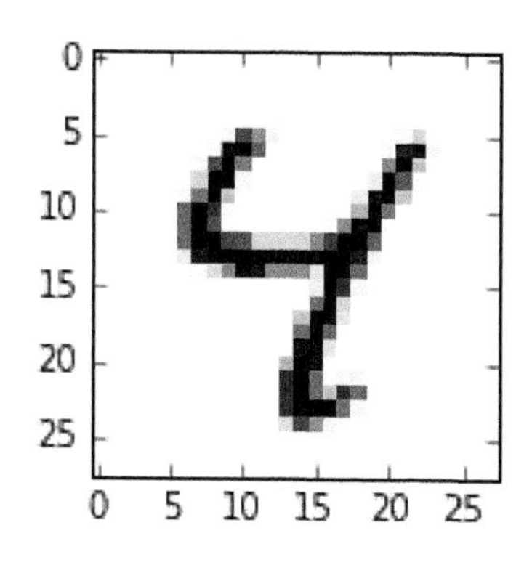

人工智能研究者使用一套流行的手写数字图片来测试他们的最新思想和算法。这套图片众所周知，非常流行，这意味着我们很容易与其他研究者比较，检验我们最近关于图像识别的疯狂想法究竟有多优秀。

这个数据集称为手写数字的 MNIST 数据库。从受人尊敬的神经网络研究员 Yann LeCun 的网站 http://yann.lecun.com/exdb/mnist/，可以得到这个数据集。

这个网页也列出了在学习和正确识别这些手写字符方面，这些新旧想法的表现如何。我们将会多次提到这个列表，看看比起专业人士我们的想法表现如何！MNIST 数据库的格式不容易使用，因此其他人已经创建了相对简单的数据文件格式，参见 http://pjreddie.com/projects/mnist-in-csv/，这对我们非常有帮助。

这些文件称为 CSV 文件，这意味着纯文本中的每一个值都是由逗号分隔的。你可以轻松地在任何文本编辑器中查看这些数值，大部分的电子表格和数据分析软件也兼容 CSV 文件，它们是非常通用的标准。

这个网站提供了两个 CSV 文件：

- 训练集 http://www.pjreddie.com/media/files/mnist_train.csv
- 测试集 http://www.pjreddie.com/media/files/mnist_test.csv

顾名思义，训练集是用来训练神经网络的 60 000 个标记样本集。标记是指输入与期望的输出匹配，也就是答案应该是多少。

可以使用较小的只有 10 000 个样本的测试集来测试我们的想法或算法工作的好坏程度。由于这也包含了正确的标记，因此可以观察神经网络是否得到正确的答案。

将训练和测试数据集分开的想法，是为了确保可以使用神经网络之前没有见过的数据进行再次测试。否则，我们就可以采用欺骗手段，让神经网络简单地记忆训练数据，得到一个完美、但是有欺骗性的得分。在整个机器学习领域，将测试数据与训练数据分开是一种很常见的想法。

让我们来一窥这些文件。下面显示的是加载到文本编辑器中的 MNIST 测试集的一部分。

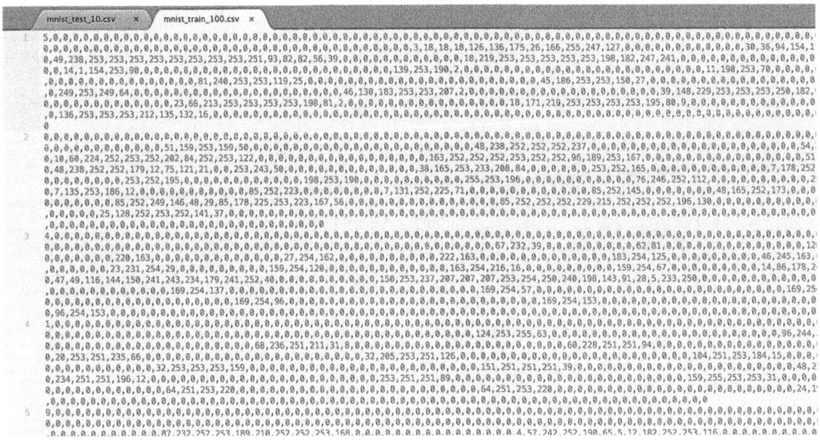

mnist_test_10.csv × mnist_train_100.csv ×

哇！这看起来好像出事了！就像在 20 世纪 80 年代的电影中一样，计算机被黑客攻击了。

其实一切都很好。我们很容易看到，文本编辑器显示很长的文本，这些行由使用逗号分隔的数字组成。这些行非常长，以至于它们折行了好几次。对我们有帮助的是，这个文本编辑器在边缘显示了实际的行号，可以看到完整的 4 行数据以及第 5 行的一部分数据。

在文本中，这些记录或这些行的内容很容易理解：

- 第一个值是标签，即书写者实际希望表示的数字，如“7”或“9”。这是我们希望神经网络学习得到的正确答案。
- 随后的值，由逗号分隔，是手写体数字的像素值。像素数组的尺寸是 28 乘以 28，因此在标签后有 784 个值。如果想知道这是否有 784 个值，可以一个一个地数一下。

因此，第一个记录表示数字“5”，就是所显示的第一个值，这行文本的其余部分是某人的手写数字 5 的像素值。第二个记录表示数字“0”，第三个记录表示数字“4”，第四个记录表示“1”，第五个表示“9”。你可以从 MNIST 数据文件中挑选任一行，第一个数字告诉你接下来图像数据的标签是什么。

但是，从这个长达 784 个值的列表中，人们很难看出这些数字组成了某人手写数字 5 的图片。我们会将这些数字绘制为图像，让读者确认这 784 个值真的是手写数字的像素值。

在深入研究进行这样操作之前，我们应该下载 MNIST 数据集中的一个较小的子集。MNIST 数据的数据文件是相当大的，而较小的子集意味着我们可以实验、尝试和开发代码，而不会由于大量的数据集而拖慢计算机的速度，因此小数据集还是大有裨益的。一旦确定了乐于使用的算法和代码，我们就可以使用完整的数据集。

以下是 MNIST 数据集中较小子集的链接，也是以 CSV 格式存储的：

- MNIST 测试数据集中的 10 条记录——https://raw.githubusercontent.com/makeyourownneuralnetwork/makeyourownneuralnetwork/master/mnist_dataset/mnist_test_10.csv
- MNIST 训练数据集中的 100 条记录——https://raw.githubusercontent.com/makeyourownneuralnetwork/makeyourownneuralnetwork/master/mnist_dataset/mnist_train_100.csv

如果浏览器显示的是数据而不是自动下载，可以使用“File → Save As ...”手动保存文件，或在浏览器上进行等效操作。

将数据文件保存到方便操作的位置。我将数据文件保存在名为“mnist_dataset”的文件夹中，这个文件夹就在 IPython 的 Notebook 文件旁边，如下面的屏幕截图所示。如果 IPython 的 Notebook 文件和数据文件散落在计算机的各个地方，那就会变得很混乱。

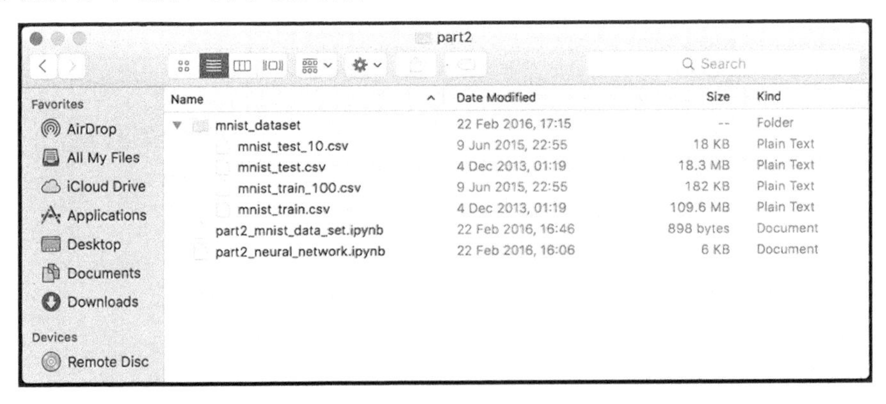

在使用数据做任何事情之前，比如绘图或使用数据训练神经网络，我们需要找到一种方式来用 Python 代码得到这些数据。

在 Python 中，打开文件并获取其中的内容是一件非常容易的事情。先来演示一下这个操作，然后再做出解释。看看下面的代码：

```
data_file = open("mnist_dataset/mnist_train_100.csv", 'r')
data_list = data_file.readlines()
data_file.close()
```

这里只有3行代码。让我们一一进行讨论。

第一行使用open()函数打开一个文件。传递给函数的第一个参数是文件的名称。其实，这不仅仅是文件名“mnist_train_100.csv”，这是整个路径，其中包括了文件所在的目录。第二个参数是可选的，它只是告诉Python我们希望如何处理文件。“r”告诉Python以只读的方式而不是可写的方式打开文件。这样可以避免任何更改数据或删除数据的意外。如果试图写入文件、修改文件，Python将阻止并生成一条错误消息。

变量data_file是什么？open()函数创建了此文件的一个文件句柄、一个引用，我们将这个句柄分配给命名为data_file的变量。现在已经打开了文件，任何进一步的操作，如读取文件，都将通过句柄完成。

下一行代码很简单。使用与文件句柄data_file相关的readlines()函数，将文件中的所有行读入变量data_list。这个变量包含了一个列表，列表中的一项是表示文件中一行的字符串。在列表中，可以跳到特定的条目，类似地，也可以跳到文件中特定的行，这样这个列表就有用多了。因此data_list [0]是第一条记录，data_list [9]是第十条记录，以此类推。

顺便说一句，由于readlines()会将整个文件读取到内存中，因此你可能会听到别人告诉你不要使用这种方法。他们会告诉你，一次读取一行，对这行进行所需要进行的操作，然后移动到下一行。他们都没有错，不要将整个文件读入内存中，而是一次在一行上工作，这更有效率。但是，我们的文件不是很大，如果使用readlines()，那么代码相对容易一些，对我们而言，在学习Python时简单和清晰是很重要的。

最后一行代码关闭文件。在用完如文件这样的资源后，关闭和清理文件是一种很好的做法。如果不这样做，文件依然开着，这可能会造成问题。什么问题呢？有些程序可能不希望写入处在打开状态的文件，以免导致不一致。这就像是两个人试图在同一张纸上写信！有时候，计算机可能会锁定文件，防止发生这种冲突。如果使用完文件不清理，那么你就有一堆锁定的文件。最起码应该关闭文件，让计算机释放用于保存文件的部分内存。

创建一个新的空的 Notebook，试试这段代码，当打印出列表的元素时，观察发生了什么。下图显示了这种操作的结果。

```
In [8]: data_file = open("mnist_dataset/mnist_train_100.csv", 'r')
        data_list = data_file.readlines()
        data_file.close()

In [9]: len(data_list)

Out[9]: 100

In [10]: data_list[0]

Out[10]: '5,0,0,0,0,0,0,0,0,0,0,0,0,0,0,0,0,0,0,0,0,0,0,0,0,0,0,0,0,0,0,0,0,0,0,0,0,0,0,0,0,0,0,0,0,0,0,0,0,0,0,0,0,0,0,0,0,0,
         0,0,0,0,0,0,0,0,0,0,0,0,0,0,0,0,0,0,0,0,0,0,0,0,0,0,0,0,0,0,0,0,0,0,0,0,0,0,0,0,0,0,0,0,0,0,0,0,0,0,0,0,0,0,0,0,0,0,0
         ,0,0,0,0,0,0,0,0,0,0,0,0,0,0,0,0,0,0,0,0,0,0,0,0,0,0,0,0,0,0,0,0,0,0,0,0,3,18,18,18,126,136,175,26,166,255,247,127,0,
         0,0,0,0,0,0,0,0,0,0,0,30,36,94,154,170,253,253,253,253,253,225,172,253,242,195,64,0,0,0,0,0,0,0,0,0,0,0,49,238,253,25
         3,253,253,253,253,253,253,251,93,82,82,56,39,0,0,0,0,0,0,0,0,0,0,0,0,18,219,253,253,253,253,253,198,182,247,241,0,0,0
         ,0,0,0,0,0,0,0,0,0,0,0,0,0,0,0,80,156,107,253,253,205,11,0,43,154,0,0,0,0,0,0,0,0,0,0,0,0,0,0,0,0,0,0,0,14,1,154,253,
         90,0,0,0,0,0,0,0,0,0,0,0,0,0,0,0,0,0,0,0,0,0,0,0,0,0,139,253,190,2,0,0,0,0,0,0,0,0,0,0,0,0,0,0,0,0,0,0,0,0,0,0,0,0,11
         ,190,253,70,0,0,0,0,0,0,0,0,0,0,0,0,0,0,0,0,0,0,0,0,0,0,0,0,0,35,241,225,160,108,1,0,0,0,0,0,0,0,0,0,0,0,0,0,0,0,0,0,
         0,0,0,0,0,0,81,240,253,253,119,25,0,0,0,0,0,0,0,0,0,0,0,0,0,0,0,0,0,0,0,0,0,0,0,45,186,253,253,150,27,0,0,0,0,0,0,0,0
         ,0,0,0,0,0,0,0,0,0,0,0,0,0,0,0,16,93,252,253,187,0,0,0,0,0,0,0,0,0,0,0,0,0,0,0,0,0,0,0,0,0,0,0,0,0,249,253,249,64,0,0
         ,0,0,0,0,0,0,0,0,0,0,0,0,0,0,0,0,0,0,0,46,130,183,253,253,207,2,0,0,0,0,0,0,0,0,0,0,0,0,0,0,0,0,0,0,0,39,148,229,253,
         253,253,250,182,0,0,0,0,0,0,0,0,0,0,0,0,0,0,0,0,0,0,24,114,221,253,253,253,253,201,78,0,0,0,0,0,0,0,0,0,0,0,0,0,0,0,0
         ,0,23,66,213,253,253,253,253,198,81,2,0,0,0,0,0,0,0,0,0,0,0,0,0,0,0,0,18,171,219,253,253,253,253,195,80,9,0,0,0,0,0,0
         ,0,0,0,0,0,0,0,0,0,0,55,172,226,253,253,253,253,244,133,11,0,0,0,0,0,0,0,0,0,0,0,0,0,0,0,0,0,0,136,253,253,253,212,13
         5,132,16,0,0,0,0,0,0,0,0,0,0,0,0,0,0,0,0,0,0,0,0,0,0,0,0,0,0,0,0,0,0,0,0,0,0,0,0,0,0,0,0,0,0,0,0,0,0,0,0,0,0,0,0,0,0,
         0,0,0,0,0,0,0,0,0,0,0,0,0,0,0,0,0,0,0,0,0,0,0,0,0,0,0,0,0,0,0,0,0,0,0,0,0,0,0,0,0,0,0,0,0,0\n'
```

可以看到，列表的长度为 100 。Python 的 len() 函数告诉我们列表的大小。

还可以看到第一条记录 data_list [0] 的内容。第一个数字是“5”，这是标签，并且其余的 784 个数字是构成图像像素的颜色值。如果你仔细观察，可以发现这些颜色值似乎介于 0 和 255 之间。

你可能希望看看其他记录，看看在其他记录中是否也是这样的。你会发现，颜色值确实落到了 0 到 255 的范围内。

先前，我们确实看到了如何使用 imshow() 函数绘制数字矩形数组。在这里，我们要做的事情是相同的，但是需要将使用逗号分隔的数字列表转换成合适的数组。要达到这个目标，需要进行以下的步骤：

- 将由逗号分隔，长的文本字符串值，拆分成单个值，在逗号处进行分割。
- 忽略第一个值，这是标签，将剩余的 28 × 28 = 784 个值转换成 28 列 28 行的数组。
- 绘制数组！

同样，先演示可以执行这个任务的简单 Python 代码，然后讨论代码，最后更详细地解释所发生的事情，这是最简单的学习方式。

首先，一定不要忘记导入 Python 扩展库，这将有助于我们使用数组以及进行绘图：

```
import numpy
import matplotlib.pyplot
%matplotlib inline
```

看看下面3行代码。变量已经着色了，这样更容易理解在何处使用何种数据。

```
all_values = data_list [0].split(',')
image_array = numpy.asfarray( all_values [1:]).reshape((28,28))
matplotlib.pyplot.imshow( image_array , cmap='Greys',
interpolation='None')
```

第一行代码接受了刚才打印出来的 data_list [0]，这是第一条记录，根据逗号，将这一长串进行拆分。split() 函数就是执行这项任务的，其中有一个参数告诉函数根据哪个符号进行拆分。在这个例子中，这个符号为逗号。得到的结果将放到 all_values 中。可以将这个变量打印出来，检查这确实是 Python 中长列表的值。

有几件事情发生在同一行代码中，因此下一行代码看起来相对复杂。让我们从核心开始解释。核心是 all_values 列表，但是这次使用了方括号 [1:]，表示采用除了列表中的第一个元素以外的所有值，也就是忽略第一个标签值，只要剩下的 784 个值。numpy.asfarray() 是一个 numpy 函数，这个函数将文本字符串转换成实数，并创建这些数字的数组。

等等——将文本字符串转换为数字，这是什么意思？嗯，文件是以文本的形式读取的，每一行或每一条记录依然是文本。由逗号分割每一行得到的仍然是文本片段。文本可以是单词“apple”“orange123”或“567”。文本字符串“567”与数字 567 不同。因此，即使文本看起来像数字，我们也需要将文本字符串转换为数字。最后一项 .reshape（(28,28)）可以确保数字列表每 28 个元素折返一次，形成 28 乘 28 的方形矩阵。所得到的 28 乘 28 的数组名为 image_array。唷！这么多事发生在一行的代码中。

第三行代码非常简单，就是使用 imshow() 函数绘出 image_array。

这一次，选择灰度调色板——cmap=“Greys（灰度）”，以更好地显示手写字符。

下图显示了这段代码的结果：

```
In [32]: all_values = data_list[0].split(',')
         image_array = numpy.asfarray(all_values[1:]).reshape((28,28))
         matplotlib.pyplot.imshow(image_array, cmap='Greys', interpolation='None')

Out[32]: <matplotlib.image.AxesImage at 0x108818cc0>
```

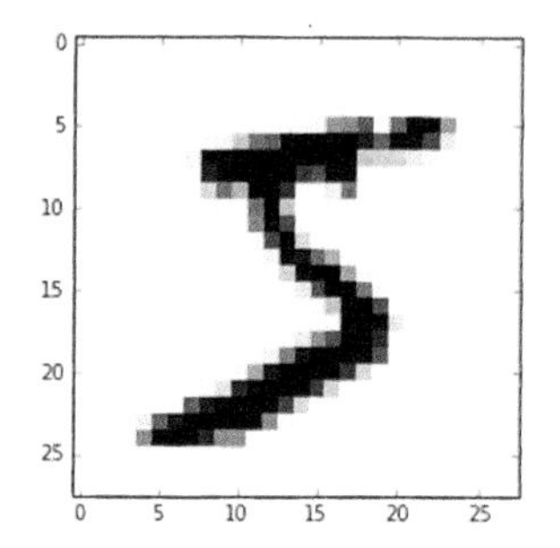

可以看到绘制的图像是 5，这就是标签所表示的预期数字。如果转而选择下一条记录 data_list [1]，而这条记录的标签为0，就可以得到下面的图片。

```
In [37]: all_values = data_list[1].split(',')
         image_array = numpy.asfarray(all_values[1:]).reshape((28,28))
         matplotlib.pyplot.imshow(image_array, cmap='Greys', interpolation='None')

Out[37]: <matplotlib.image.AxesImage at 0x108bc3160>
```

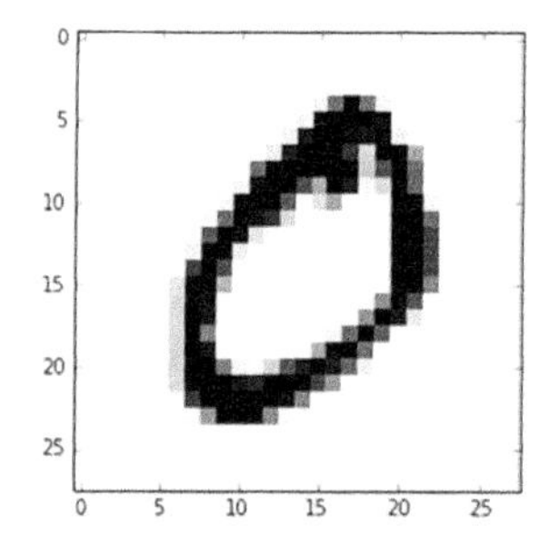

可以很容易地分辨出手写数字确实是 0。

2.5.1 准备MNIST训练数据

我们已经知道如何获取和拆开 MNIST 数据文件中的数据，从而理解并可视化这些数据。我们要使用此数据训练神经网络，但是我们需要想想，在将数据抛给神经网络之前如何准备数据。

我们先前看到，如果输入数据和输出值，形状正好适合，这样它们就可以待在网络节点激活函数的舒适区域内，那么神经网络的工作会更出色。

我们需要做的第一件事情是将输入颜色值从较大的 0 到 255 的范围，

缩放至较小的 0.01 到 1.0 的范围。我们刻意选择 0.01 作为范围最低点，是为了避免先前观察到的 0 值输入最终会人为地造成权重更新失败。我们没有选择 0.99 作为输入的上限值，是因为输入 1.0 不会造成任何问题。我们只需要避免输出值为 1.0。

将在 0 到 255 范围内的原始输入值除以 255，就可以得到 0 到 1 范围的输入值。

然后，需要将所得到的输入乘以 0.99，把它们的范围变成 0.0 到 0.99。接下来，加上 0.01，将这些值整体偏移到所需的范围 0.01 到 1.00。下面的 Python 代码演示了这些操作：

```
scaled_input = (numpy.asfarray(all_values[1:]) / 255.0 * 0.99) + 0.01
print(scaled_input)
```

输出确认，这些值当前的范围为 0.01 到 0.99。

```
In [19]: # scale input to range 0.01 to 1.00
         scaled_input = (numpy.asfarray(all_values[1:]) / 255.0 * 0.99) + 0.01
         print(scaled_input)

         [ 0.01        0.01        0.01        0.01        0.01        0.01        0.01
           0.01        0.01        0.01        0.01        0.01        0.01        0.01
           0.01        0.01        0.01        0.01        0.01        0.01        0.01
           0.01        0.01        0.01        0.01        0.01        0.01        0.01
           0.01        0.01        0.01        0.01        0.01        0.01        0.01
           0.01        0.01        0.01        0.01        0.01        0.01        0.01
           0.01        0.01        0.01        0.01        0.01        0.01        0.01
           0.01        0.01        0.01        0.01        0.01        0.01        0.01
           0.01        0.01        0.01        0.01        0.01        0.01        0.01
           0.01        0.01        0.01        0.01        0.01        0.01        0.01
           0.01        0.01        0.01        0.01        0.01        0.01        0.01
           0.01        0.01        0.01        0.01        0.01        0.01        0.01
           0.01        0.01        0.01        0.01        0.01        0.01        0.01
           0.01        0.01        0.01        0.01        0.01        0.01        0.01
           0.01        0.01        0.01        0.01        0.01        0.01        0.01
           0.01        0.01        0.01        0.01        0.01        0.01        0.01
           0.01        0.01        0.01        0.01        0.01        0.01        0.01
           0.01        0.01        0.01        0.01        0.01        0.01        0.01
           0.01        0.208       0.62729412  0.99223529  0.62729412  0.20411765
           0.01        0.01        0.01        0.01        0.01        0.01        0.01
           0.01        0.01        0.01        0.01        0.01        0.01        0.01
           0.01        0.01        0.01        0.01        0.01        0.01        0.01
           0.01        0.19635294  0.934       0.98835294  0.98835294  0.98835294
           0.93011765  0.01        0.01        0.01        0.01        0.01        0.01
           0.01        0.01        0.01        0.01        0.01        0.01        0.01
           0.01        0.01        0.01        0.01        0.01        0.01        0.01
           0.01        0.21964706  0.89129412  0.99223529  0.98835294  0.93788235
           0.91458824  0.98835294  0.23129412  0.03329412  0.01        0.01        0.01
```

我们已经通过缩放和移位让 MNIST 数据准备就绪，可以输入神经网络进行训练和查询了。

现在，我们需要思考神经网络的输出。先前，我们看到输出值应该匹配激活函数可以输出值的范围。我们使用的逻辑函数不能输出如 -2.0 或 255 这样的数字，能输出的范围为 0.0 到 1.0，事实上不能达到 0.0 或 1.0，这是逻辑函数的极限值，逻辑函数仅接近这两个极限，但不能真正到达那里。因此，看起来在训练时必须调整目标值。

但是，实际上，我们要问自己一个更深层次的问题。输出应该是什么样子的？这应该是图片答案吗？这意味着有 28×28＝784 个输出节点。

如果退后一步，想想要求神经网络做什么，我们会意识到，要求神经网络对图像进行分类，分配正确的标签。这些标签是 0 到 9 共 10 个数字中的一个。这意味着神经网络应该有 10 个输出层节点，每个节点对应一个可能的答案或标签。如果答案是“0”，输出层第一个节点激发，而其余的输出节点则保持抑制状态。如果答案是“9”，输出层的最后节点会激发，而其余的输出节点则保持抑制状态。下图详细阐释了这个方案，并显示了一些示例输出。

output layer	label	example “5”	example “0”	example “9”
0	0	0.00	0.95	0.02
1	1	0.00	0.00	0.00
2	2	0.01	0.01	0.01
3	3	0.00	0.01	0.01
4	4	0.01	0.02	0.40
5	5	0.99	0.00	0.01
6	6	0.00	0.00	0.01
7	7	0.00	0.00	0.00
8	8	0.02	0.00	0.01
9	9	0.01	0.02	0.86

第一个示例是神经网络认为它看到的是数字“5”。可以看到，从输出层出现的最大信号来自于标签为 5 的节点。由于从标签 0 开始，因此这是第六个节点。这很容易吧。其余的输出节点产生的信号非常小，接近于零。舍入误差可能导致零输出，但事实上，要记住激活函数不会产生实际为零的输出。

下一个示例演示了如果神经网络认为它看到了手写的“0”将会发生的事情。同样，目前最大输出来自于第一个输出节点，对应的标签为“0”。

最后一个示例更有趣。这里，神经网络的最大输出信号来自于最后一个节点，对应标签“9”。然而，在标签为“4”的节点处，它得到了中等大小的输出。通常，我们会使用最大信号为答案，但是，可以看看网络为何会认为答案可能是“4”。也许笔迹使得它难以确定？神经网络中确实会发生这种不确定性，我们不应该把它看作是一件坏事，而应该将其视为有用的见解，即另一个答案也可能满足条件。

这真是太棒了！现在，我们需要把这些想法转换成目标数组，用于神经网络的训练。

如果训练样本的标签为“5”，那么需要创建输出节点的目标数组，其中除了对应于标签“5”的节点，其他所有节点的值应该都很小，这个数组看起来可能如[0，0，0，0，0，1，0，0，0，0]。

事实上，我们已经明白了，试图让神经网络生成0和1的输出，对于激活函数而言是不可能的，这会导致大的权重和饱和网络，因此需要重新调整这些数字。我们将使用值0.01和0.99来代替0和1，这样标签为“5”的目标输出数组为[0.01, 0.01, 0.01, 0.01, 0.01, 0.99, 0.01, 0.01, 0.01, 0.01]。

仔细观察下列的Python代码，这些代码构建了目标矩阵：

```
#output nodes is 10 (example)
onodes = 10
targets = numpy.zeros(onodes) + 0.01
targets[int(all_values[0])] = 0.99
```

不算注释，第一行代码只是将输出节点的数量设置为10。在这个示例中，这是正确的，因为有10个标签。

第二行代码只是使用方便的numpy函数numpy.zeros()，创建用零填充的数组。这个函数的第一个参数是希望的数组大小和形状。此处，我们只希望得到一个简单的、长度为onodes的数组，onodes为最终输出层的节点数量。我们加上了0.01，解决刚才谈到的0输入造成的问题。

下一行代码获得了MNIST数据集记录中的第一个元素，也就是训练目标标签，将其从字符串形式转换为整数形式。请记住，从源文件读取的记录是文本字符串，而不是数字。一旦转换完成，我们使用目标标签，将目标列表的正确元素设置为0.99。标签“0”将转换为整数0，这与标签对应的targets []中的索引是一致的，因此这看起来非常整洁。类似地，标签“9”将转换为整数9，targets [9]确实是此数组的最后一个元素。

下面展示了这种工作方式的一个示例：

```
In [12]: #output nodes is 10 (example)
         onodes = 10
         targets = numpy.zeros(onodes) + 0.01
         targets[int(all_values[0])] = 0.99

In [13]: print(targets)

         [ 0.99  0.01  0.01  0.01  0.01  0.01  0.01  0.01  0.01  0.01]
```

太好了，现在，我们已经明白了如何准备用于训练和查询的输入数据以及如何准备用于训练的输出数据。

让我们更新 Python 代码，使其包括这些操作。下面代码是迄今为止开发的代码。这些代码在以下 GitHub 链接中可以得到，但是，随着添加越来越多的代码，代码会逐渐演变：

- https://github.com/makeyourownneuralnetwork/makeyourownneuralnetwork/blob/master/ part2_neural_network_mnist_data.ipynb

也可以在以下的链接中找到开发代码，通过这个链接，可以看到以前的版本：

- https://github.com/makeyourownneuralnetwork/makeyourownneuralnetwork/commits/master/part2_neural_network_mnist_data.ipynb

```
# python notebook for Make Your Own Neural Network
# code for a 3-layer neural network, and code for learning the MNIST
dataset
# (c) Tariq Rashid, 2016
# license is GPLv2

import numpy
# scipy.special for the sigmoid function expit()
import scipy.special
# library for plotting arrays
import matplotlib.pyplot
# ensure the plots are inside this notebook, not an external window
%matplotlib inline

# neural network class definition
```

```
class neuralNetwork:

    # initialise the neural network
    def __init__(self, inputnodes, hiddennodes, outputnodes,
learningrate):
        # set number of nodes in each input, hidden, output layer
        self.inodes = inputnodes
        self.hnodes = hiddennodes
        self.onodes = outputnodes

        # link weight matrices, wih and who
        # weights inside the arrays are w_i_j, where link is from
node i to node j in the next layer
        # w11 w21
        # w12 w22 etc
        self.wih = numpy.random.normal(0.0, pow(self.hnodes, -0.5),
(self.hnodes, self.inodes))
        self.who = numpy.random.normal(0.0, pow(self.onodes, -0.5),
(self.onodes, self.hnodes))
        # learning rate
        self.lr = learningrate

        # activation function is the sigmoid function
        self.activation_function = lambda x: scipy.special.expit(x)

        pass


    # train the neural network
    def train(self, inputs_list, targets_list):
        # convert inputs list to 2d array
        inputs = numpy.array(inputs_list, ndmin=2).T
        targets = numpy.array(targets_list, ndmin=2).T

        # calculate signals into hidden layer
        hidden_inputs = numpy.dot(self.wih, inputs)
        # calculate the signals emerging from hidden layer
        hidden_outputs = self.activation_function(hidden_inputs)
```

```
        # calculate signals into final output layer
        final_inputs = numpy.dot(self.who, hidden_outputs)
        # calculate the signals emerging from final output layer
        final_outputs = self.activation_function(final_inputs)

        # output layer error is the (target - actual)
        output_errors = targets - final_outputs
        # hidden layer error is the output_errors, split by weights,
recombined at hidden nodes
        hidden_errors = numpy.dot(self.who.T, output_errors)

        # update the weights for the links between the hidden and
output layers
        self.who += self.lr * numpy.dot((output_errors *
final_outputs * (1.0 - final_outputs)),
numpy.transpose(hidden_outputs))

        # update the weights for the links between the input and
hidden layers
        self.wih += self.lr * numpy.dot((hidden_errors *
hidden_outputs * (1.0 - hidden_outputs)), numpy.transpose(inputs))

        pass
    # query the neural network
    def query(self, inputs_list):
        # convert inputs list to 2d array
        inputs = numpy.array(inputs_list, ndmin=2).T

        # calculate signals into hidden layer
        hidden_inputs = numpy.dot(self.wih, inputs)
        # calculate the signals emerging from hidden layer
        hidden_outputs = self.activation_function(hidden_inputs)

        # calculate signals into final output layer
        final_inputs = numpy.dot(self.who, hidden_outputs)
        # calculate the signals emerging from final output layer
        final_outputs = self.activation_function(final_inputs)
```

```
        return final_outputs

# number of input, hidden and output nodes
input_nodes = 784
hidden_nodes = 100
output_nodes = 10

# learning rate is 0.3
learning_rate = 0.3

# create instance of neural network
n = neuralNetwork(input_nodes,hidden_nodes,output_nodes,
learning_rate)

# load the mnist training data CSV file into a list
training_data_file = open("mnist_dataset/mnist_train_100.csv", 'r')
training_data_list = training_data_file.readlines()
training_data_file.close()

# train the neural network

# go through all records in the training data set
for record in training_data_list:
    # split the record by the ',' commas
    all_values = record.split(',')
    # scale and shift the inputs
    inputs = (numpy.asfarray(all_values[1:]) / 255.0 * 0.99) + 0.01
    # create the target output values (all 0.01, except the desired
label which is 0.99)
    targets = numpy.zeros(output_nodes) + 0.01
    # all_values[0] is the target label for this record
    targets[int(all_values[0])] = 0.99
    n.train(inputs, targets)
    pass
```

在代码顶部导入了绘图库，添加了一些代码，设置输入层、隐藏层和输出层的大小，读取相对较小的 MNIST 训练数据集，然后使用这些记录训练神经网络。

为什么选择 784 个输入节点呢？请记住，这是 28×28 的结果，即组成手写数字图像的像素个数。

选择使用 100 个隐藏层节点并不是通过使用科学的方法得到的。我们认为，神经网络应该可以发现在输入中的特征或模式，这些模式或特征可以使用比输入本身更简短的形式表达，因此没有选择比 784 大的数字。通过选择使用比输入节点的数量小的值，强制网络尝试总结输入的主要特点。但是，如果选择太少的隐藏层节点，那么就限制了网络的能力，使网络难以找到足够的特征或模式，也就会剥夺神经网络表达其对 MNIST 数据理解的能力。给定的输出层需要 10 个标签，对应于 10 个输出层节点，因此，选择 100 这个中间值作为中间隐藏层的节点数量，似乎有点道理。

这里应该强调一点。对于一个问题，应该选择多少个隐藏层节点，并不存在一个最佳方法。同时，我们也没有最佳方法选择需要几层隐藏层。就目前而言，最好的办法是进行实验，直到找到适合你要解决的问题的一个数字。

2.5.2 测试网络

现在，我们至少已经使用了一个较小的 100 条记录的子集来训练网络，我们希望测试训练效果如何。使用称为测试数据集的第二个数据集来测试神经网络。

首先需要获得测试记录，这与用于获取训练数据的 Python 代码非常相似。

```
# load the mnist test data CSV file into a list
test_data_file = open("mnist_dataset/mnist_test_10.csv", 'r')
test_data_list = test_data_file.readlines()
test_data_file.close()
```

像以前一样，这些数据具有相同的结构，我们以同样的方式解压了这些数据。

在创建循环使用所有测试记录进行测试之前，先看看如果手动运行一个测试会发生什么。下图显示从测试数据集中取出第一条记录，查询当前已得到训练的神经网络。

可以看到，测试数据集的第一条记录具有标签“7”。这是当我们查询这条记录时，我们希望神经网络给出的回答。

绘制像素值，使数据变成图像，我们确认该手写数字的确为“7”。

查询已得到训练的网络，生成了对应每个输出节点所输出的一串数字。你很快就会发现，其中一个输出值比其他输出值大很多，且对应于标签“7”。由于第一个元素对应于标签“0”，因此这就是第8个元素。

```
In [27]: # load the mnist test data CSV file into a list
         test_data_file = open("mnist_dataset/mnist_test_10.csv", 'r')
         test_data_list = test_data_file.readlines()
         test_data_file.close()

In [39]: # get the first test record
         all_values = test_data_list[0].split(',')
         # print the label
         print(all_values[0])

         7

In [40]: image_array = numpy.asfarray(all_values[1:]).reshape((28,28))
         matplotlib.pyplot.imshow(image_array, cmap='Greys', interpolation='None')

Out[40]: <matplotlib.image.AxesImage at 0x1090d4fd0>
```

```
In [41]: n.query((numpy.asfarray(all_values[1:]) / 255.0 * 0.99) + 0.01)

Out[41]: array([[ 0.07652418],
                [ 0.01745079],
                [ 0.0054554 ],
                [ 0.07442751],
                [ 0.07348178],
                [ 0.01906993],
                [ 0.00938124],
                [ 0.7704694 ],
                [ 0.08000447],
                [ 0.05209131]])
```

成功了！

这是一个需要细细品味的时刻。我们在本书中进行的辛勤工作都有了价值！

我们训练了神经网络，让神经网络告诉我们图片中所代表的数字是什么。请记住，神经网络之前没有见过那张图片，它不是训练数据集的一部分。因此，神经网络能够正确区分它从来没有见过的手写字符。这真是让人印象深刻啊！

只需几行简单的Python，我们就已经创建了一个神经网络，这个神经网络可以执行许多人认为是具备人工智能的事情——它学会了识别人的笔迹图片。

更令人称奇的是，我们只是使用完整的训练数据集的一个小子集对神经网络进行了训练。请记住，训练数据集有60 000条记录，我们只训练了100条记录。我曾经认为这不能成功！让我们扯满篷帆，继续前进，编写代码来看看神经网络对数据集的其余记录有何表现。我们可以记录分数，这样迟些时候，再看看改进神经网络学习能力的想法是否能够成功，同时也可以比较一下其他神经网络的表现如何。

最简单的方式就是察看下面的代码，并根据这些代码进行讨论：

```
# test the neural network

# scorecard for how well the network performs, initially empty
scorecard = []

# go through all the records in the test data set
for record in test_data_list:
    # split the record by the ',' commas
    all_values = record.split(',')
    # correct answer is first value
    correct_label = int(all_values[0])
    print(correct_label, "correct label")
    # scale and shift the inputs
    inputs = (numpy.asfarray(all_values[1:]) / 255.0 * 0.99) + 0.01
    # query the network
    outputs = n.query(inputs)
    # the index of the highest value corresponds to the label
    label = numpy.argmax(outputs)
    print(label, "network's answer")
    # append correct or incorrect to list
    if (label == correct_label):
        # network's answer matches correct answer, add 1 to
scorecard
        scorecard.append(1)
    else:
        # network's answer doesn't match correct answer, add 0 to
scorecard
        scorecard.append(0)
        pass
```

```
    pass
```

循环可以使用测试数据集中的所有记录进行测试，在跳进这个循环之前，创建一个空的列表，称为计分卡（scorecard），这个记分卡在测试每条记录之后都会进行更新。

可以看到，在循环内部，我们所做的与先前所做的一样，根据逗号拆分文本记录，分离出数值。记下第一个数字，这是正确答案。然后，重新调整剩下的值，让它们适合用于查询神经网络。

我们将来自神经网络的回答保存在名为outputs的变量中。

接下来是非常有趣的一点。我们知道具有最大值的输出节点是网络认为的答案。这个节点的索引，也就是节点的位置，与标签对应。闲话少说，也就是第一个元素对应于标签“0”，第五元素对应于标签“4”，以此类推。幸运的是，有一个便利的numpy函数numpy.argmax()可以发现数组中的最大值，并告诉我们它的位置。你可以在线阅读关于这个函数的文档。如果这个函数返回0，我们知道网络认为答案是零，以此类推。

代码的最后一部分将标签与已知的正确标签进行比较。如果它们是相同的，那么在计分卡上附加一个“1”，否则附加“0”。

在代码中，我已经包含了一些有用的print()指令，这样就可以看到正确的标签和预测的标签。下图显示了代码运行的结果，同时打印出了计分卡。

```
7 correct label
7 network's answer
2 correct label
0 network's answer
1 correct label
1 network's answer
0 correct label
0 network's answer
4 correct label
4 network's answer
1 correct label
1 network's answer
4 correct label
4 network's answer
9 correct label
4 network's answer
5 correct label
4 network's answer
9 correct label
7 network's answer
```

```
In [49]: print(scorecard)

[1, 0, 1, 1, 1, 1, 1, 0, 0, 0]
```

这次有点失败！可以看到，这有相当多的不匹配标签。最后的计分卡显示，在 10 个测试记录中神经网络只答对了 6 个，也就是只得了 60 分。不过，考虑到使用的训练集很小，这实际上并不是太糟糕。

让我们编写一段代码，将测试成绩作为分数并打印出来，结束程序。

```
# calculate the performance score, the fraction of correct answers
scorecard_array = numpy.asarray(scorecard)
print ("performance = ", scorecard_array.sum() /
scorecard_array.size)
```

这是一个简单的计算，得到了正确答案的分数。这段代码将计分卡上“1”的条目相加，除以计分卡的条目总数，即这个计分卡的大小。来看看这段代码生成的结果。

```
In [49]: print(scorecard)

         [1, 0, 1, 1, 1, 1, 1, 0, 0, 0]

In [59]: # calculate the performance score, the fraction of correct answers
         scorecard_array = numpy.asarray(scorecard)
         print ("performance = ", scorecard_array.sum() / scorecard_array.size)

         performance =  0.6
```

正如我们预期的，这段代码生成了分数 0.6，即 60% 的准确率。

2.5.3 使用完整数据集进行训练和测试

让我们将这些已开发的测试网络性能的新代码，添加到主要程序中。

此时改变文件名，这样就可以指向具有 60 000 条记录的完整的训练数据集，以及具有 10 000 条记录的测试数据集。先前，我们将这些文件保存为 mnist_dataset / mnist_train.csv 和 mnist_dataset / mnist_test.csv。现在，我们要认真对待了！请记住，你可以访问 GitHub 获取 Python 的 Notebook 文件：

- https://github.com/makeyourownneuralnetwork/makeyourownneuralnetwork/blob/master/ part2_neural_network_mnist_data.ipynb

在 GitHub 上，也可以得到历史代码，这样就可以看到代码的开发过程：

- https://github.com/makeyourownneuralnetwork/makeyourownneuralnetwork/commits/master/part2_neural_network_mnist_data.ipynb

使用 60 000 个训练样本训练简单的 3 层神经网络，然后使用 10 000 条记录对网络进行测试，得到的总表现分数为0.9473。这个表现简直太棒了，几乎是95%的准确率！

```
In [72]: # calculate the performance score, the fraction of correct answers
         scorecard_array = numpy.asarray(scorecard)
         print ("performance = ", scorecard_array.sum() / scorecard_array.size)

         performance =  0.9473
```

这个略低于95%的准确性，可以与记录在http://yann.lecun.com/exdb/mnist/网页的行业标准媲美。我们可以看到，比起一些历史基准，这个准确率还是略胜一筹的，这里列出的最简单的神经网络方法所表现的准确率为95.3%，而我们的神经网络的性能大致相当。

这一点也不糟糕。我们应该感到高兴，第一次尝试的简单神经网络就实现了研究者所开发的专业神经网络的性能。

顺便说一句，计算60 000个训练样本，每个样本的计算都需要进行一组784个输入节点、经过100个隐藏层节点的前馈计算，同时还要进行误差反馈和权重更新，即使对于一台快速的现代家用计算机而言，这一切也需要花上一段时间，这一点都不令人吃惊。我的新笔记本计算机花了约2分钟时间完成了训练循环。你的计算机应该也差不多。

2.5.4 一些改进：调整学习率

我们的第一个神经网络，只使用简单的思路、简单的Python代码，就可以在MNIST数据集上获得准确率为95%的性能分数，这已经很不错了。如果你希望就此打住，也完全可以理解的。

但是，让我们看看是否可以进行一些简单的改进。

可以尝试的第一个改进是调整学习率。先前没有真正使用不同的值进行实验，就将它设置为0.3了。

试一下将学习率翻倍，设置为0.6，看看提高学习率对整个网络的学习能力是否有益。如果此时运行代码，会得到0.9047性能得分。这比以前更糟。因此，看起来好像大的学习率导致了在梯度下降过程中有一些来回跳动和超调。

使用0.1的学习率再试一次。这次，性能有所改善，得到了0.9523分。在性能上，这与网站上列出的具有1 000个隐藏层节点的神经网络类似。我们“以少胜多”了。

如果继续设置一个更小的 0.01 学习率，会发生什么情况？性能没有变得更好，得分为 0.9241。因此，似乎过小的学习率也是有害的。

由于限制了梯度下降发生的速度，使用的步长太小了，因此对性能造成了损害，这个结果也是有道理的。

下图画出了这些结果。我们应该多次进行了这些实验，减小随机性以及在梯度下降过程中不好的路径带来的影响，只有这样的方法才是科学的，但是这依然能够有助于我们明白一个总体思路，那就是对于学习率存在一个甜蜜点。

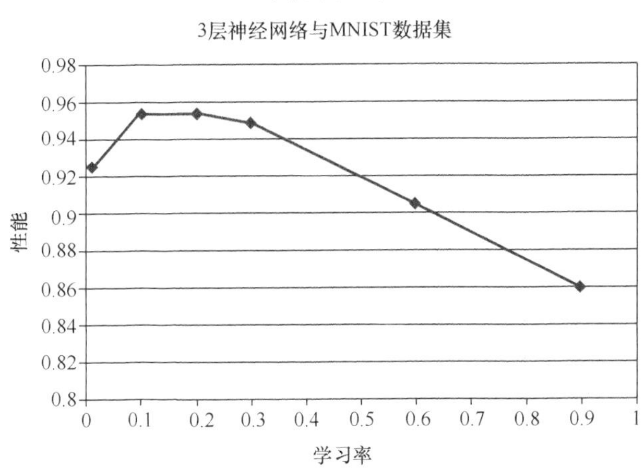

上图表明，学习率在 0.1 和 0.3 之间可能会有较好的表现，因此，尝试 0.2 的学习率，得到 0.9537 的性能得分。比起 0.1 或 0.3，这个表现确实好了一些。我们可以绘制图表，对所发生的事情得到一种较好的认识，在其他情况下，你也应该考虑这种方法——和一串数字相比，图表有助于更好地理解！因此，我们将坚持使用 0.2 的学习率，这看起来似乎是 MNIST 数据集和神经网络的甜蜜点。

顺便说一句，由于代码运行的整个过程有一点随机，因此，如果你自己运行这段代码，成绩会略有不同。你的初始随机权重可能不同于我的初始随机权重，因此你的代码与我的代码所使用的梯度下降路线有所不同。

2.5.5 一些改进：多次运行

接下来可以做的改进，是使用数据集，重复多次进行训练。

有些人把训练一次称为一个世代。因此，具有10个世代的训练，意味着使用整个训练数据集运行程序10次。为什么要这么做呢？特别是，如果这次计算机花的时间增加到10或20甚至30分钟呢？这是值得的，原因是通过提供更多爬下斜坡的机会，有助于在梯度下降过程中进行权重更新。

试一下使用2个世代。由于现在我们在训练代码外围添加了额外的循环，因此代码稍有改变。下面的代码显示了外围循环，将代码着色有助于看到发生了什么。

```
# train the neural network

# epochs is the number of times the training data set is used for
training
epochs = 2

for e in range(epochs):
    # go through all records in the training data set
    for record in training_data_list:
        # split the record by the ',' commas
        all_values = record.split(',')
        # scale and shift the inputs
        inputs = (numpy.asfarray(all_values[1:]) / 255.0 * 0.99) +
0.01
        # create the target output values (all 0.01, except the
desired label which is 0.99)
        targets = numpy.zeros(output_nodes) + 0.01
        # all_values[0] is the target label for this record
        targets[int(all_values[0])] = 0.99
        n.train(inputs, targets)
        pass
    pass
```

使用2个世代神经网络所得到的性能得分为0.9579，比只有1个世代的神经网络有所改进。

就像调整学习率一样，让我们使用几个不同的世代进行实验并绘图，以可视化这些效果。直觉告诉我们，所做的训练越多，所得到的性能越好。有人可能会注意到，太多的训练实际上会过犹不及，这是由于网络过度拟合训练数据，因此网络在先前没有见到过的新数据上表现不佳。不仅是神经网络，在各种类型的机器学习中，这种过度拟合也是需要注意的。

发生的事情如下所示：

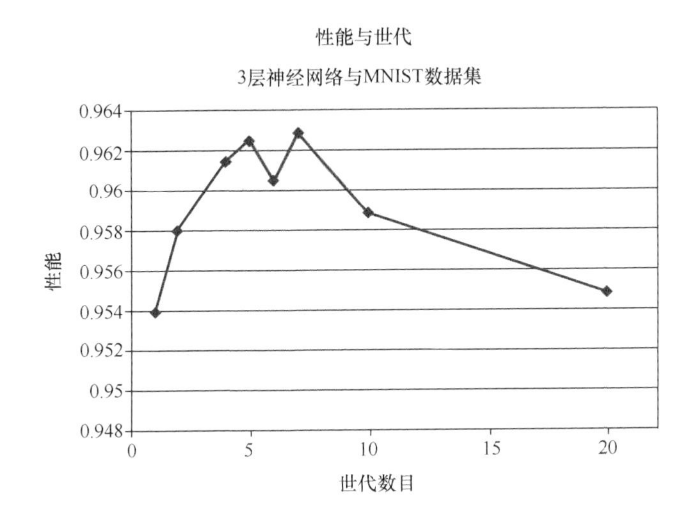

结果呈现出不可预测性。在大约 5 或 7 个世代时，有一个甜蜜点。在此之后，性能会下降，这可能是过度拟合的效果。性能在 6 个世代的情况下下降，这可能是运行中出了问题，导致网络在梯度下降过程中被卡在了一个局部的最小值中。事实上，由于没有对每个数据点进行多次实验，无法减小随机过程的影响，因此我们已经预见到结果会有各种变化。这就是为什么保留了 6 个世代这个奇怪的点，这是为了提醒我们，神经网络的学习过程其核心是随机过程，有时候工作得不错，有时候工作得很糟。

另一个可能的原因是，在较大数目的世代情况下，学习率可能设置过高了。继续这个实验，将学习率从 0.2 减小到 0.1，看看会发生什么情况。

在 7 个世代的情况下，峰值性能高达 0.9628 或 96.28%。

下图显示了在学习率为 0.1 情况下，得到的新性能与前一幅图叠加的情况。

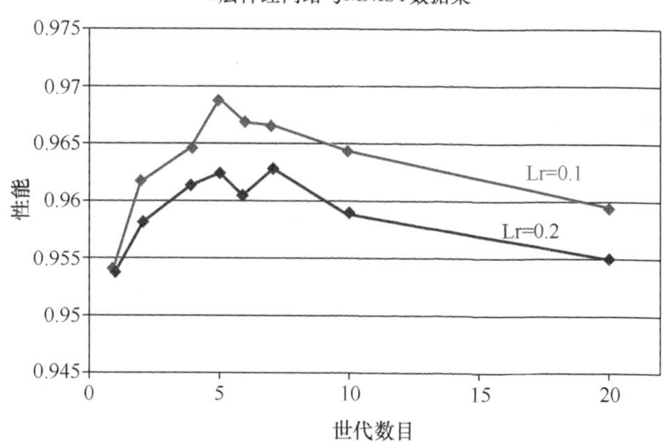

可以看到，在更多世代的情况下，减小学习率确实能够得到更好的性能。0.9689 的峰值表示误差率接近 3%，这可以与 Yann LeCun 网站上的神经网络标准相媲美了。

直观上，如果你打算使用更长的时间（多个世代）探索梯度下降，那么你可以承受采用较短的步长（学习率），并且在总体上可以找到更好的路径，这是有道理的。确实，对于 MNIST 学习任务，我们的神经网络的甜蜜点看起来是 5 个世代。请再次记住，我们在使用一种相当不科学的方式来进行实验。要正确、科学地做到这一点，就必须为每个学习率和世代组合进行多次实验，尽量减少在梯度下降过程中随机性的影响。

2.5.6 改变网络形状

我们还没有尝试过改变神经网络的形状，也许应该更早尝试这件事。让我们试着改变中间隐藏层节点的数目。一直以来，我们将它们设置为 100！

在尝试使用不同数目的隐藏层节点进行实验之前，让我们思考一下，如果这样做可能会发生什么情况。隐藏层是发生学习过程的层次。请记住，输入节点只需引入输入信号，输出节点只要送出神经网络的答案，是隐藏层（可以多层）进行学习，将输入转变为答案。这是学习发生的场所。事实上，隐藏层节点前后的链接权重具有学习能力。

如果隐藏层节点太少，比如说 3 个，那么你可以想象，这不可能有足够的空间让网络学习任何知识，并将所有输入转换为正确的输出。这就像要 5 座车去载 10 个人。你不可能将那么多人塞进去。计算机科学家称这种限制为学习容量。虽然学习能力不可能超过学习容量，但是可以通过改变车辆或网络形状来增加容量。

如果有 10 000 个隐藏层节点，会发生什么情况呢？虽然我们不会缺少学习容量，但是由于目前有太多的路径供学习选择，因此可能难以训练网络。这也许需要使用 10 000 个世代来训练这样的网络。

让我们进行一些实验，看看会发生什么情况。

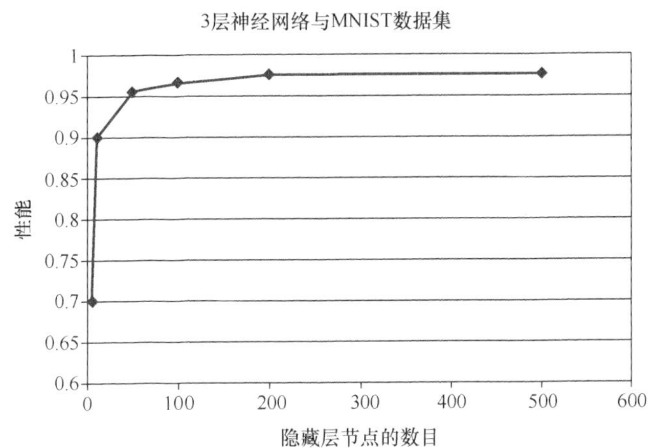

可以看到，比起较多的隐藏层节点，隐藏层节点数量少，其效果不是很理想，这是我们预期的结果。但是，只有 5 个隐藏层节点的神经网络，其性能得分就可以达到 0.7001，鉴于只给了如此少的学习场所，而网络仍有 70% 的正确率，这已经相当惊人了。

请记住，迄今为止，程序运行的是 100 个隐藏层节点。只用 10 个隐藏层节点，网络就得到了 0.8998 的准确性，这同样让人侧目。只使用我们曾经用过的节点数目的 1/10，网络的性能就跳到 90%。只使用如此少的隐藏层节点或学习场所，神经网络就能够得到如此好的结果。这也证明了神经网络的力量。这一点值得我们赞赏。

随着增加隐藏层节点的数量，结果有所改善，但是不显著。由于增加一个隐藏层节点意味着增加了到前后层的每个节点的新网络链接，这一切都会产生额外较多的计算，因此训练网络所用的时间也显著增加了！因此，必须在可容忍的运行时间内选择某个数目的隐藏层节点。

对于我的计算机而言，这个数字是200个节点。你的计算机可能会相对较快或相对较慢。

我们还创造了准确度的新纪录，使用200个节点，得分0.9751。使用500个节点，运行较长的时间，我们的神经网络得到了0.9762分。相比于Yann LeCun的网站上列出的基准，这是相当不错的成绩了。

回过头去，看看以前的图，可以发现，通过改变网络形状，先前约95%的准确度这个“冥顽不灵”的极限已经被打破了。

2.5.7 大功告成

回顾这项工作，我们只用先前介绍的简单概念以及简单的Python代码，创建了一个神经网络。

没有任何多余花哨、神奇的数学，神经网络就已经表现得如此出众，相比于学者和研究人员所编写的神经网络，这个神经网络的表现也是可圈可点。

本书的第3章内容更有趣，即使你还未探讨过这些想法，请不要犹豫，使用已经写出的神经网络，进一步去实验，尝试不同数量的隐藏层节点或不同的调整比例，甚至使用不同的激活函数，看看会发生什么情况。

2.5.8 最终代码

为了防止不能访问GitHub上的代码，同时出于方便参考的原因，我们把代码副本在此列出，下面是最终代码。

```
# python notebook for Make Your Own Neural Network
# code for a 3-layer neural network, and code for learning the MNIST
dataset
# (c) Tariq Rashid, 2016
# license is GPLv2


import numpy
# scipy.special for the sigmoid function expit()
import scipy.special
# library for plotting arrays
import matplotlib.pyplot
# ensure the plots are inside this notebook, not an external window
```

```
%matplotlib inline

# neural network class definition
class neuralNetwork :


    # initialise the neural network
    def __init__(self, inputnodes, hiddennodes, outputnodes,
learningrate) :
        # set number of nodes in each input, hidden, output layer
        self.inodes = inputnodes
        self.hnodes = hiddennodes
        self.onodes = outputnodes

        # link weight matrices, wih and who
        # weights inside the arrays are w_i_j, where link is from
node i to node j in the next layer
        # w11 w21
        # w12 w22 etc
        self.wih = numpy.random.normal(0.0, pow(self.hnodes, -0.5),
(self.hnodes, self.inodes))
        self.who = numpy.random.normal(0.0, pow(self.onodes, -0.5),
(self.onodes, self.hnodes))

        # learning rate
        self.lr = learningrate

        # activation function is the sigmoid function
        self.activation_function = lambda x: scipy.special.expit(x)

        pass


    # train the neural network
    def train(self, inputs_list, targets_list) :
        # convert inputs list to 2d array
        inputs = numpy.array(inputs_list, ndmin=2).T
        targets = numpy.array(targets_list, ndmin=2).T
```

```
        # calculate signals into hidden layer
        hidden_inputs = numpy.dot(self.wih, inputs)
        # calculate the signals emerging from hidden layer
        hidden_outputs = self.activation_function(hidden_inputs)

        # calculate signals into final output layer
        final_inputs = numpy.dot(self.who, hidden_outputs)
        # calculate the signals emerging from final output layer
        final_outputs = self.activation_function(final_inputs)

        # output layer error is the (target - actual)
        output_errors = targets - final_outputs
        # hidden layer error is the output_errors, split by weights,
recombined at hidden nodes
        hidden_errors = numpy.dot(self.who.T, output_errors)

        # update the weights for the links between the hidden and
output layers
        self.who += self.lr * numpy.dot((output_errors *
final_outputs * (1.0 - final_outputs)),
numpy.transpose(hidden_outputs))

        # update the weights for the links between the input and
hidden layers
        self.wih += self.lr * numpy.dot((hidden_errors *
hidden_outputs * (1.0 - hidden_outputs)), numpy.transpose(inputs))

        pass


    # query the neural network
    def query(self, inputs_list) :
        # convert inputs list to 2d array
        inputs = numpy.array(inputs_list, ndmin=2).T

        # calculate signals into hidden layer
        hidden_inputs = numpy.dot(self.wih, inputs)
        # calculate the signals emerging from hidden layer
        hidden_outputs = self.activation_function(hidden_inputs)
```

```
        # calculate signals into final output layer
        final_inputs = numpy.dot(self.who, hidden_outputs)
        # calculate the signals emerging from final output layer
        final_outputs = self.activation_function(final_inputs)

        return final_outputs
# number of input, hidden and output nodes
input_nodes = 784
hidden_nodes = 200
output_nodes = 10

# learning rate
learning_rate = 0.1


# create instance of neural network
n = neuralNetwork(input_nodes,hidden_nodes,output_nodes,
learning_rate)

# load the mnist training data CSV file into a list
training_data_file = open("mnist_dataset/mnist_train.csv", 'r')
training_data_list = training_data_file.readlines()
training_data_file.close()


# train the neural network

# epochs is the number of times the training data set is used for
training
epochs = 5

for e in range(epochs):
    # go through all records in the training data set
    for record in training_data_list:
        # split the record by the ',' commas
        all_values = record.split(',')
        # scale and shift the inputs
        inputs = (numpy.asfarray(all_values[1:]) / 255.0 * 0.99) +
0.01
```

```
        # create the target output values (all 0.01, except the
desired label which is 0.99)
        targets = numpy.zeros(output_nodes) + 0.01
        # all_values[0] is the target label for this record
        targets[int(all_values[0])] = 0.99
        n.train(inputs, targets)
        pass
    pass


# load the mnist test data CSV file into a list
test_data_file = open("mnist_dataset/mnist_test.csv", 'r')
test_data_list = test_data_file.readlines()
test_data_file.close()


# test the neural network

# scorecard for how well the network performs, initially empty
scorecard = []

# go through all the records in the test data set
for record in test_data_list:
    # split the record by the ',' commas
    all_values = record.split(',')
    # correct answer is first value
    correct_label = int(all_values[0])
    # scale and shift the inputs
    inputs = (numpy.asfarray(all_values[1:]) / 255.0 * 0.99) + 0.01
    # query the network
    outputs = n.query(inputs)
    # the index of the highest value corresponds to the label
    label = numpy.argmax(outputs)
    # append correct or incorrect to list
    if (label == correct_label):
        # network's answer matches correct answer, add 1 to
scorecard
        scorecard.append(1)
    else:
        # network's answer doesn't match correct answer, add 0 to
```

```
scorecard
        scorecard.append(0)
        pass

    pass


# calculate the performance score, the fraction of correct answers
scorecard_array = numpy.asarray(scorecard)
print ("performance = ", scorecard_array.sum() /
scorecard_array.size)
```

第 3 章　趣味盎然

"寓教于乐。"

在本章中，我们将进一步探讨一些非常有趣的想法。如果只是想了解神经网络的基本知识，那不必阅读本章，读者并非必须了解这里的一切内容。

这是一个有趣的额外部分，所以节奏会稍微加快一些，但是我们仍然尝试使用简单的语言来解释这些想法。

3.1　自己的手写数字

在整本书中，我们一直使用来自 MNIST 数据集的数字图片。为什么不使用自己的笔迹呢？

在这个实验中，我们将使用自己的笔迹创建测试数据集。我们也将尝试使用不同的书写风格，使用嘈杂或抖动的图片，来观察神经网络的应对能力如何。

你可以使用任何喜欢的图像编辑或绘画软件来创建图片。不必使用昂贵的 Photoshop，GIMP 是免费开源的替代软件，适用于 Windows、Mac 和 Linux 等系统。甚至可以用一支笔将数字写在纸上，并用智能手机、相机或任何合适的扫描仪，将手写数字变成图片格式。唯一的要求是图片为正方形（宽度等于长度），并且将其保存为 PNG 格式。在喜欢的图像编辑器中，保存格式选项的菜单通常为"File → Save As"或"File → Export"。

下面是我制作的一些图片。

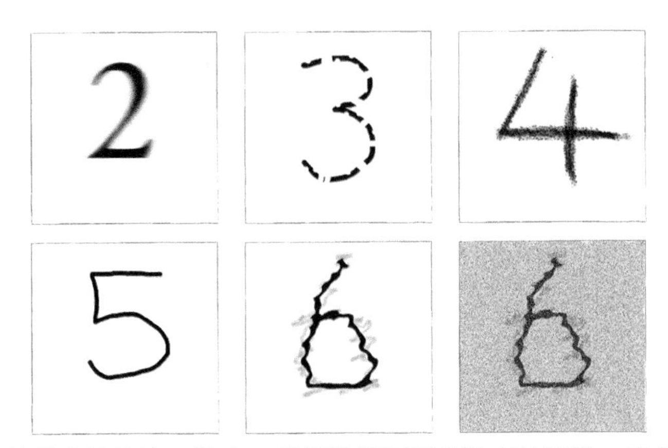

数字5就是我的笔迹。数字4是用粉笔而不是马克笔写的。数字3是我的笔迹并有意切成一段一段的。数字2是传统的报纸或书籍字体，但是进行了模糊处理。数字6有意做成抖动的样子，好像是在水中的倒影。最后一张图片与前面的数字相同，但是添加了噪声，来看看我们是否可以增加神经网络的工作难度。

虽然这很有趣，但是这里蕴含了很严肃的一点。人类大脑在遭受损害后，其能力依然能够得到良好发挥，科学家对此深感震惊。这暗示着，神经网络将它们所学到的知识分布在几条链接权重上，也就是说，如果若干链接权重遭受了一定损害，神经网络也可以表现得相当好。这同时意味着，如果输入图像被损坏或不完整，神经网络也可以表现得相当好。这是一种很强大的功能，这就是我们希望用上图中断断续续的3进行测试的能力。

我们需要创建较小的PNG图片，将它们调整到28个像素乘以28个像素，这样就可以匹配曾经用过的来自MNIST数据集的图片。你可以使用图像编辑器做到这一点。

Python库再次帮助了我们，它从常见的图像文件格式中（包括PNG格式）读取和解码数据。看看下面这段简单的代码：

```
import scipy.misc
img_array = scipy . misc . imread ( image_file_name , flatten = True )

img_data = 255.0 - img_array . reshape( 784 )
img_data = (img_data / 255.0 * 0.99 ) + 0.01
```

scipy.misc.imread()函数帮助我们从图像文件，如PNG或JPG文件中，读取数据。必须导入scipy.misc库来使用这个函数。参数“flatten=True”将图像变成简单的浮点数数组，如果图像是彩色的，那么颜色值将被转换为所需要的灰度。

下一行代码重塑数组，将其从28×28的方块数组变成很长的一串数值，这是我们需要馈送给神经网络的数据。此前，我们已经多次进行这样的操作了。但是，这里比较新鲜的一点是从255.0中减去了数组的值。这样做的原因是，常规而言，0指的是黑色，255指的是白色，但是，MNIST数据集使用相反的方式表示，因此不得不将值逆转过来以匹配MNIST数据。

最后一行代码是我们很熟悉的，它将数据值进行缩放，使得它们的范围变成0.01到1.0。演示读取PNG文件的示例代码可以在GitHub上找到：

- https://github.com/makeyourownneuralnetwork/makeyourownneuralnetwork/blob/master/ part3_load_own_images.ipynb

我们需要创建基本的神经网络，这个神经网络使用MNIST训练数据集进行训练，然后，不使用MNIST测试集对网络进行测试，而是使用自己创建的图像数据对网络进行测试。

在GitHub上，可通过如下链接获得新程序：

- https://github.com/makeyourownneuralnetwork/makeyourownneuralnetwork/blob/master/part3_neural_network_mnist_and_own_data.ipynb

这样做成功了吗？当然成功了。下图总结使用我们自己制作的图像查询的结果。

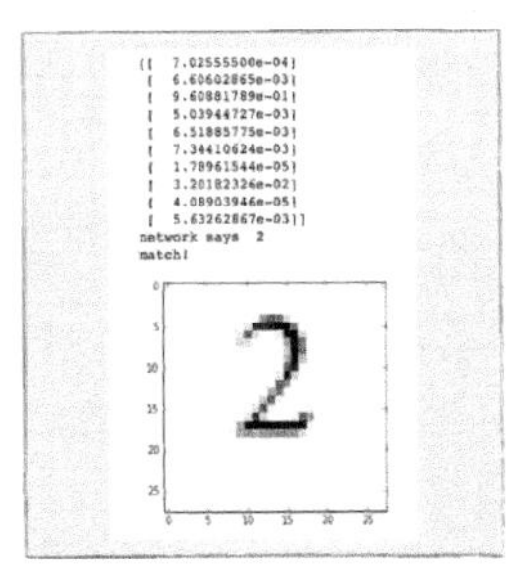

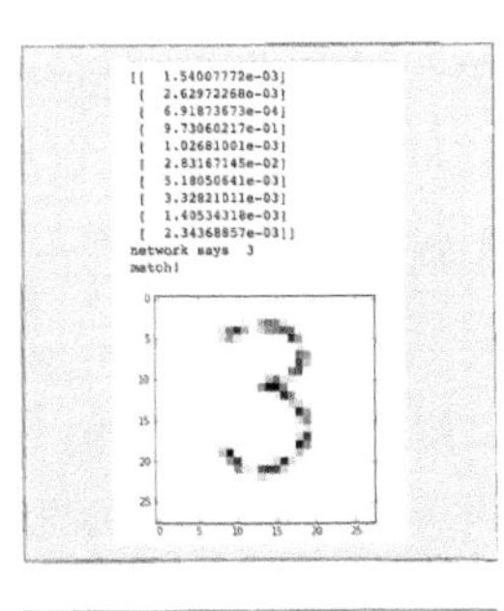

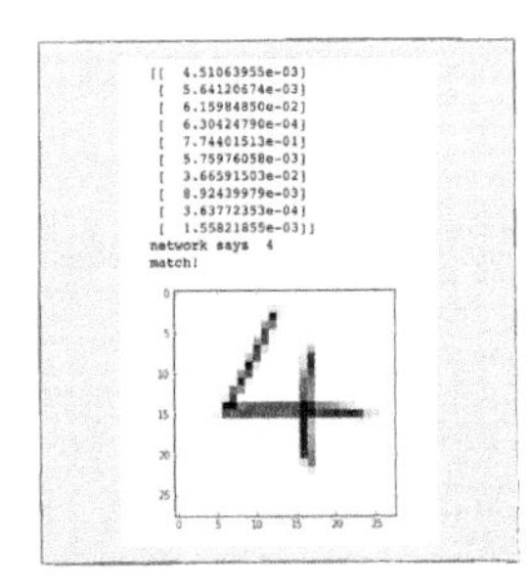

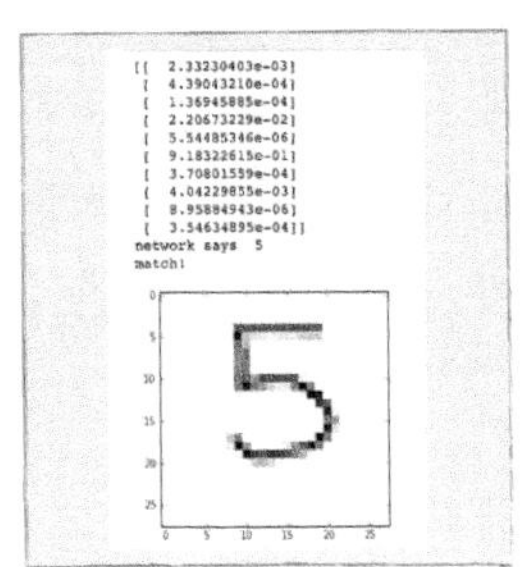

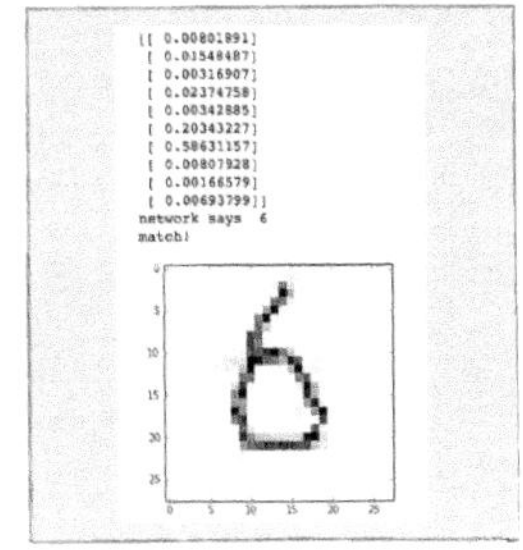

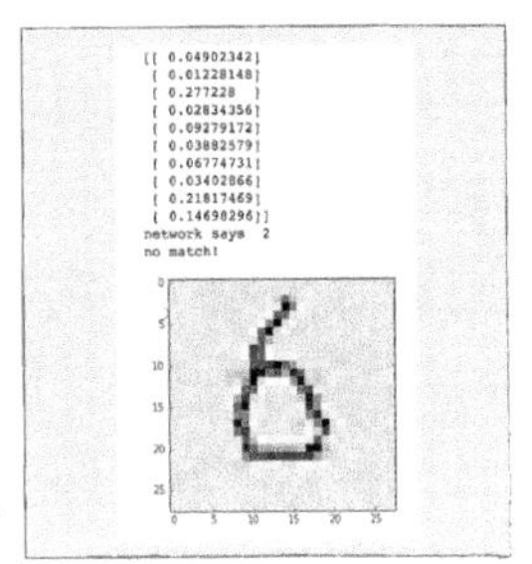

可以看到，神经网络能够识别我们创建的所有图像，包括有意损坏的数字“3”。只有在识别添加了噪声的数字“6”时失败了。

使用你自己的图像，尤其是手写的图像试试看，证明你的神经网络确实能够工作。

并且，仔细观察，要将图像损坏或变形到什么程度，神经网络才会失败。神经网络的弹性将会给你留下深刻的印象。

3.2 神经网络大脑内部

在求解各种各样我们不知道如何使用简约明快的规则解决的问题时，神经网络发挥了重要作用。想象一下，写下一组规则，将这些规则应用于手写数字图像，来确定数字是什么，这件事并不是那么容易，并且我们的尝试也可能不会那么成功。

3.2.1 神秘的黑盒子

一旦神经网络得到了训练，并且在测试数据上表现良好，那么基本上你就拥有了一个神秘的黑盒子。你不知道这个黑盒子如何计算出答案，但是它确实成功地计算出了答案。

如果你只对答案感兴趣，而不真正关心它们如何得出这个答案的，那么对你来说，这就不是一个问题了。但是，我要指出这是这些机器学习方法类型的缺点，即虽然黑盒子（神经网络）已经学会如何求解问题，但是其所学习到的知识常常不能转化为对问题的理解和智慧。

让我们来看看是否可以到神经网络内部一探究竟，是否能够理解神经网络所学习到的知识，将神经网络通过训练搜集到的知识可视化。

我们可以观察权重，这毕竟是神经网络学习的内容。但是，权重不太可能告诉我们太多信息。特别是，神经网络的工作方式是将学习分布到不同的链接权重中。这种方式使得神经网络对损坏具有了弹性，这就像是生物大脑的运行方式。删除一个节点甚至相当多的节点，都不太可能彻底破坏神经网络良好的工作能力。

这里有一个疯狂的想法。

3.2.2 向后查询

在通常情况下，我们馈送给已受训练的神经网络一个问题，神经网络弹出一个答案。在我们的例子中，这个问题是人类的手写数字图像。答案是表示数字 0 到 9 中的某个标签。

如果将这种方式反转，向后操作，会发生什么呢？如果馈送一个标签到输出节点，通过已受训练的网络反向输入信号，直到输入节点弹出一个图像，那会怎么样？下图显示了正常的正向查询和疯狂的反向向后查询的想法。

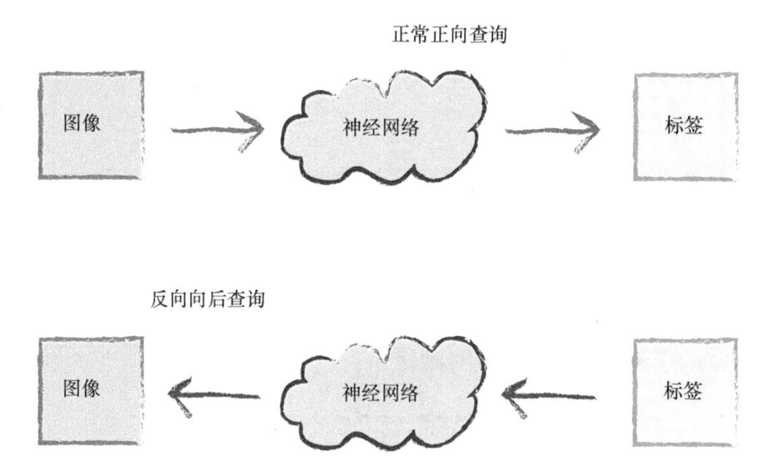

我们已经知道如何通过网络传播信号，使用链接权重调节信号，在应用激活函数之前在节点处重新组合信号。除了使用的是逆激活函数以外，所有这一切操作也都适用于反向传播信号。如果 $y = \mathrm{f}(x)$ 是正向激活函数，那么这个函数的逆就是 $x = \mathrm{g}(y)$。使用简单的代数，求出逻辑函数的逆，也并非难事：

$$y = 1 / (1 + e^{-x})$$

$$1 + e^{-x} = 1/y$$

$$e^{-x} = (1/y) -1 = (1 - y) / y$$

$$-x = \ln [(1-y) / y]$$

$$x = \ln [y / (1-y)]$$

这就是所谓的对数函数，就像 Python 为逻辑 S 函数提供 scipy.special.expit() 一样，Python 中的 scipy.special 库也提供了这个函数，即 scipy.

special.logit()。

在应用逆激活函数 logit() 之前，我们需要确保信号是有效的。这是什么意思呢？还记得吧，逻辑 S 函数接受了任何数值，输出 0 和 1 之间的某个值，但是不包括 0 和 1 本身。逆函数必须接受相同的范围 0 和 1 之间的某个值，不包括 0 和 1，弹出任何正值或负值。为了实现这一目标，我们简单地接受输出层中的所有值，应用 logit()，并将它们重新调整到有效范围。我选择的范围为 0.01 至 0.99。

这段代码在网上始终可用，请访问 GitHub 以获取：

- https://github.com/makeyourownneuralnetwork/makeyourownneuralnetwork/blob/master/ part3_neural_network_mnist_backquery.ipynb

3.2.3 标签“0”

来看看如果我们使用标签“0”进行反向查询，会发生什么情况。也就是说，我们向输出节点展示了一些值，除了使用值 0.99 展示给第一个节点表示标签“0”，其余节点都展示了 0.01。换句话说，也就是数组 [0.99, 0.01, 0.01, 0.01, 0.01, 0.01, 0.01, 0.01, 0.01,0.01]。

下图显示了输入节点弹出的图像。

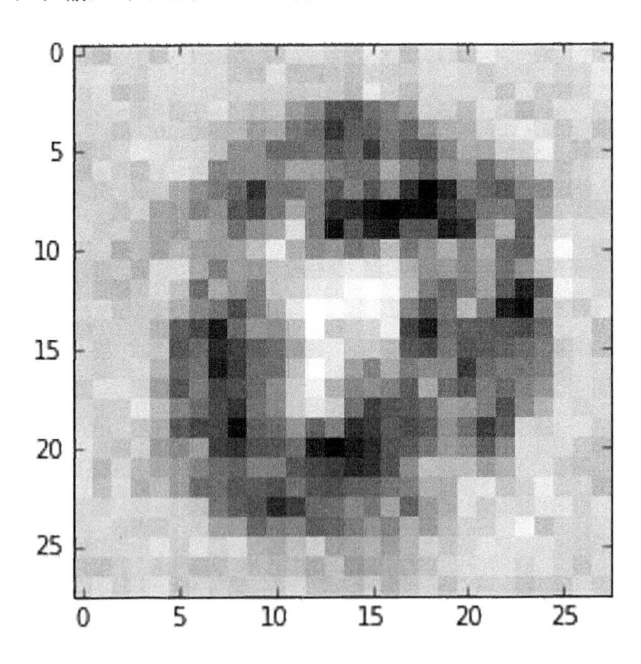

这真是太有趣了！

这个图像让我们对神经网络的“大脑”有了一种深刻的见解。这个图像是什么意思？该如何解释这个图像呢？

我们注意到最主要的特征是，图像中的圆形。我们是在询问神经网络——对于答案“0”，最理想的问题是什么，因此，这个图像是有道理的。

我们也注意到深色、浅色和一些介中的灰色区域。

- 深色区域是问题图像中应该使用笔来标记的部分，这部分图像组成了支持证据，证明答案为“0”，可以这样理解，这些部分看起来组成了 0 的形状轮廓。
- 浅色区域是问题图像中应该没有任何笔痕的部分，这支持了答案为“0”。同样，可以这样理解，这些部分形成了 0 形状的中间部分。
- 大体上，神经网络对灰色区域不是很敏感。

因此，粗略来讲，我们实际上已经理解了，针对如何将图像归类为标签“0”，神经网络已经学习到的知识。

这是一种难得的见解，对于较多层、较复杂的神经网络或较复杂的问题而言，可能没有如此容易解释的结果。我们鼓励你进行实验，亲自动手试一试。

3.2.4 更多的大脑扫描

下图显示了其他数字向后查询的结果。

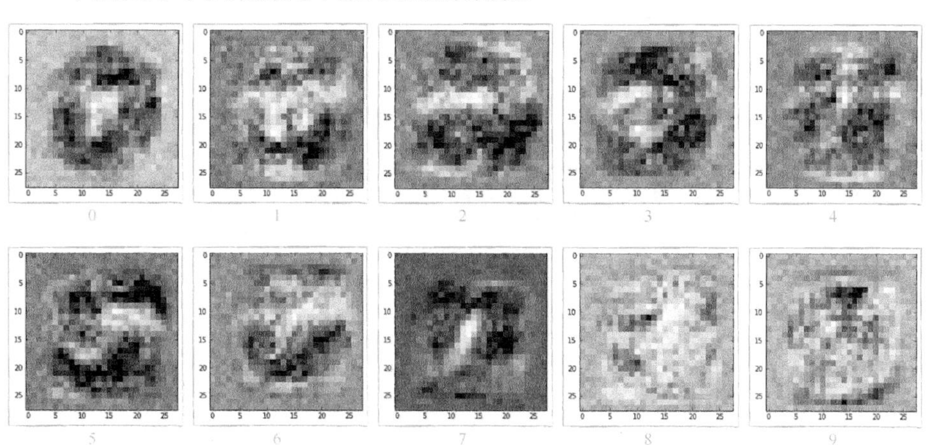

哇！同样是一些非常有趣的图像，就像使用超声波扫描神经网络的大

脑一样。

关于这些图像，我们做了一些注解：

- “7”真的很清楚。可以看到在查询图像中标记的深色位置，强烈暗示了这是标签“7”。也可以看到额外的“白色”区域，这些区域没有任何标记。这两个特点结合起来，指示出了这是“7”。
- 这同样适用于数字“3”，有标记的深色区域指示出了“3”，白色的区域也非常清晰。
- “2”和“5”具有类似的清晰度。
- 数字“4”有点有趣，这个形状出现在4个象限中，是4个互相分隔的区域。
- “8”主要是由“雪人”构成的，这个“雪人”由白色区域形成，表明8的特征在于保持了“头部和身体”区的标记。
- 数字“1”令人相当费解。这看起来好像神经网络较多关注无需标记的区域，而较少关注需要标记的区域。没关系，这就是网络从样本中学到的知识。
- 数字“9”一点都不清楚。它有一个明确的深色区域，还有一些形状相对精细的白色区域。这就是神经网络所学习到的知识，总体来说，当与网络学会的其他数字结合时，这允许神经网络的表现达到了97.5%的准确度。我们观察一下这个图片，并得出结论，有更多的培训样本将有助于神经网络学到更清晰的“9”的模板。

现在，你对神经网络大脑的工作方式应该有了一个深刻的了解了吧。

3.3 创建新的训练数据：旋转图像

如果思考一下MNIST训练数据，你就会意识到，这是关于人们所书写数字的一个相当丰富的样本集。这里有各种各样、各种风格的书写，有的写得很好，有的写得很糟。

神经网络必须尽可能多地学习这些变化类型。在这里，有多种形式的数字“4”，有些被压扁了，有些比较宽，有些进行了旋转，有些顶部是开放的，有些顶部是闭合的，这对神经网络的学习都是有帮助的。

如果我们能够创造更多的变化类型作为样本，会不会有用处呢？如何做到这一点呢？再多收集几千个人类手写数字样本，对我们来说有点不太容易。我们可以这样做，但是工作量有点大。

一个很酷的想法就是利用已有的样本，通过顺时针或逆时针旋转它们，比如说旋转 10 度，创建新的样本。对于每一个训练样本而言，我们能够生成两个额外的样本。我们可以使用不同的旋转角度创建更多的样本，但是，目前，让我们只尝试 +10 和 -10 两个角度，看看这种想法能不能成功。

同样，Python 的许多扩展包和程序库都很有用。ndimage.interpolation.rotate() 可以将数组转过一个给定的角度，这正是我们所需要的。请记住，由于我们将神经网络设计成为接收一长串输入信号，因此输入的是 784 长的一串一维数字。我们需要将这一长串数字重新变成 28×28 的数组，这样就可以旋转这个数组，然后在将这个数组馈送到神经网络之前，将数组解开，重新变成一长串的 784 个信号。

假设得到了先前的 scaled_input 数组，下列代码演示了如何使用 ndimage.interpolation.rotate() 函数：

```
# create rotated variations
# rotated anticlockwise by 10 degrees
inputs_plus10_img =
scipy.ndimage.interpolation.rotate( scaled_input.reshape(28,28) , 10 ,
cval=0.01 , reshape=False)
# rotated clockwise by 10 degrees
inputs_minus10_img =
scipy.ndimage.interpolation.rotate( scaled_input.reshape(28,28) , -10 ,
cval=0.01 , reshape=False)
```

可以看到，原先的 scaled_input 数组被重新转变为 28 乘以 28 的数组，然后进行了调整。reshape=False，这个参数防止程序库过分“热心”，将图像压扁，使得数组旋转后可以完全适合，而没有剪掉任何部分。在原始图像中，一些数组元素不存在，但是现在这些数组元素进入了视野，cval 就是用来填充数组元素的值。由于我们要移动输入值范围，避免 0 作为神经网络的输入值，因此不使用 0.0 作为默认值，而是使用 0.01 作为默认值。

小型 MNIST 训练集的记录 6（第 7 条记录）是一个手写数字“1”。在下图中可以看到，原先的数字图片和使用代码生成的两个额外的变化形式。

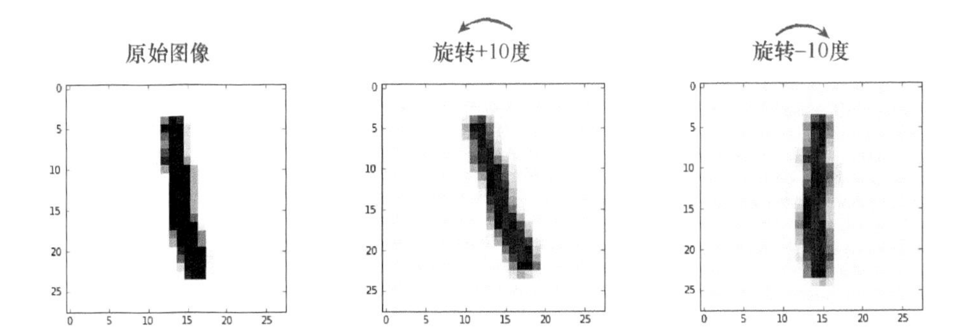

可以清楚地看到这种方式的好处。原始图像的版本旋转 +10 度，提供了一个样本，就像某些人的书写风格是将 1 向后倾斜。将原来图片的版本顺时针旋转 10 度更有趣。和原始的版本相比，这个版本在某种意义上是更具代表性的学习图片。

让我们创建新的 Python Notebook，使用原来的神经网络代码，不过，现在我们将原始图片朝顺时针和逆时针两个方向旋转 10 度，作为额外的训练样本，来训练神经网络。这段代码在 GitHub 上可以得到，请访问以下链接：

- https://github.com/makeyourownneuralnetwork/makeyourownneuralnetwork/blob/master/ part2_neural_network_mnist_data_with_rotations.ipynb

设定学习率为 0.1，并且只使用一个训练世代，初始运行神经网络，所得的性能是 0.9669。这对于没有使用额外旋转图像进行训练的神经网络的性能 0.954 而言，是一个长足的进步。这样的表现，和列在 Yann LeCun 网站中的记录相比也已经是名列前茅了。

让我们进行一系列的实验，改变世代的数目看看是否能够让已经不错的表现更上一层楼。现在，我们创建了更多的训练数据，可以采用更小、更谨慎的学习步长，因此将学习率减少到 0.01，这样就总体上延长了学习时间。

请记住，由于特定的神经网络架构或训练数据的完整性，事情很可能存在内在的限制，因此我们不会期待得到 98% 或以上的准确度，或者甚至是 100% 的准确度。我们说“特定的神经网络架构”，意思是在每一层节点数目的选择、隐藏层的选择和激活函数的选择等。

我们旋转训练图像的角度，将其作为额外的训练样本，下图显示了在这种情况下的神经网络的性能。同时，下图也显示了没有使用额外旋转的训练样本时神经网络的性能，以便进行简单的比较。

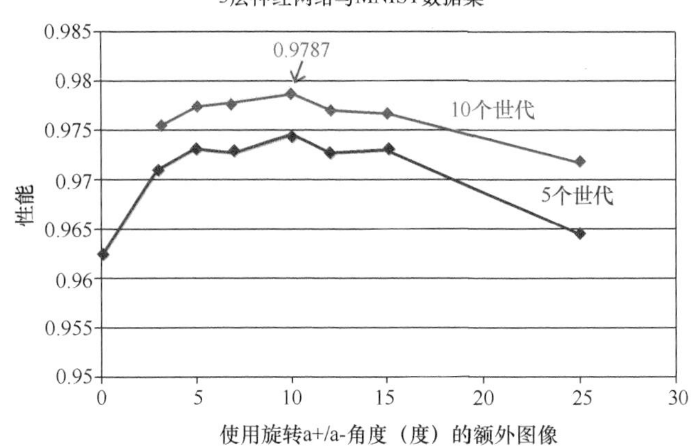

可以看到，在5个世代的情况下，最好的结果是0.9745或97.5%的准确度。这再一次打破了我们先前的纪录。

值得注意的是，如果旋转的角度过大，神经网络的性能会出现下降。由于旋转较大的角度意味着创建了实际上不能代表数字的图像，因此神经网络的性能出现了下降，这是可以理解的。想象一下，将“3”向一个方向旋转90度，这就不再是3了。因此，将过度旋转的图像添加到训练样本中，增加了错误样本，降低了训练的质量。对于最大化附加数据的价值，10度看起来是最佳角度。

在10个世代的情况下，神经网络的性能出现了峰值，打破了记录，达到了0.9787，几乎到达98%！对于这种简单的神经网络而言，这是一个惊人的结果，也是最佳的一种状态。请记住，有些人会对神经网络或数据进行一些巧妙的处理，我们还未这样做，我们只是保持简单的神经网络，但是却依然取得了令人骄傲的结果。

做得好！

3.4 结语

在本书中，我希望你已经明白，人类能够轻而易举解决的一些问题，对传统计算机而言却难以解决。图像识别就是这些所谓的“人工智能”的挑战之一。

神经网络使图像识别以及广泛的其他各类难题，都获得了空前的进步。求解这类难题的早期动力的一个关键性部分是生物大脑，如鸽子或昆虫的大脑，虽然这些生物大脑比起今天的超级计算机似乎简单一些，反应也较慢，但是它们依然能够执行复杂的任务，如飞行、喂食、建设家园。这些生物大脑对损害或对不完美的信号，也非常有弹性。数字计算机和传统计算却不能拥有这种能力。

今天，在人工智能中，神经网络是一些神奇的应用程序成功的关键部分。人们对神经网络和机器学习，特别是深度学习——也就是使用了有层次结构的机器学习方法，依然充满了巨大兴趣。在 2016 年年初，在古老的围棋对弈领域，谷歌的 DeepMind 击败了世界级大师。和国际象棋相比，围棋需要更深入的战略，更加微妙，研究人员原本以为计算机需要好几年的时间才能下得好围棋。因此，此次事件成为了人工智能史上一个巨大的里程碑。神经网络在计算机的成功中发挥了关键作用。

我希望你已经明白了，神经网络背后的核心思想其实是非常简单的。我希望你也可以从神经网络的实验中找到乐趣。也许，你已经有了探索其他类型的机器学习和人工智能的兴趣。

如果你做到了这些事情，那么我就算大功告成了。

附录A　微积分简介

“从你身边所有的小事情中，找到灵感。”

想象一下，你在一辆汽车内，气定神闲，以 30 英里每小时的稳定速度向前飞驰。再试想一下，你踩下油门踏板。如果你一直踩着油门踏板，汽车的速度会增加至 35、40、50 和 60 英里每小时。

汽车的速度在变化。

在本节中，我们将探讨关于物体变化的问题，如汽车的速度，并讨论在数学上如何计算出这种变化。在数学上？这是什么意思呢？我们的意思是理解事物如何相互关联，这样就可以精确地计算出，如果一个事物变化了，会导致另一件事物如何变化。就像汽车的速度随着手表上时间的变化而变化。又或者说，农作物的高度随着降水量的变化而变化。还或者说，在施加不同的拉力后，金属弹簧延长的变化。

这就是数学家所谓的微积分。许多人认为微积分是极其困难、令人害怕的科目，避之不及，因此，我有点犹豫是否将本附录称为微积分。

在本附录末尾，你会发现，在数学上，在许多有用的场景下，以精确的方式计算出事物的变化并不是那么困难，这就是微积分的本质。

即使你可能已经在学校里学习了微积分或微分，我们将追溯历史，理解微积分的来源，因此，这也值得浏览一下本附录的内容。这些开创性的数学家使用的思想和工具，真的非常有用，值得收入囊中，当你在未来试图求解不同类型的问题时，这也是大有裨益的。

如果你喜欢欣赏历史的“斗争”事件，可以欣赏一下发生在莱布尼茨和牛顿之间的戏剧般的事件，他们两个人都声称自己首先发明了微积分！

莱布尼茨

牛顿

A.1 一条平直的线

首先，让我们从一个非常简单的场景开始。

想象一下，汽车以 30 英里每小时的速度匀速前进。不快也不慢，就是时速 30 英里。

下表中显示了汽车在各个时间点的速度，每半分钟测量一次。

时间 / 分	速度 /（英里 / 小时）
0	30
0.5	30
1.0	30
1.5	30
2.0	30
2.5	30
3.0	30

下图可视化了在这几个时间点的速度。

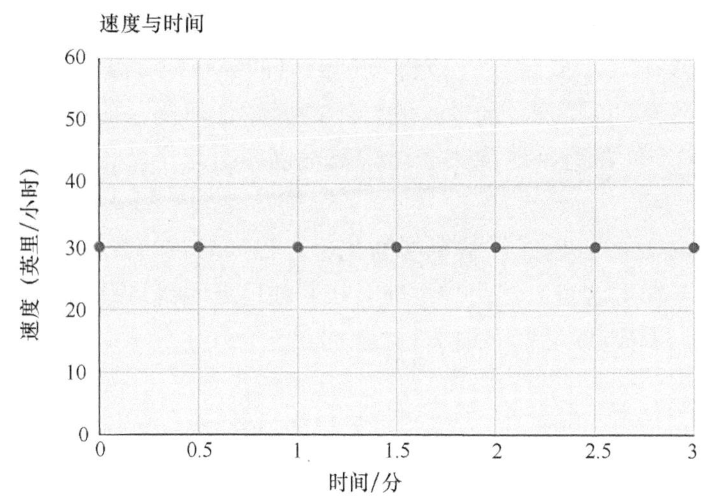

可以看到，速度并不随时间而改变，因此这是一条水平直线。这条直线不向上倾斜（加速），也不向下倾斜（减速），汽车就保持在 30 英里每小时。

速度的数学表达式，我们称之为 s：

$$s = 30$$

现在，如果有人询问速度如何随时间变化，我们会说速度不随时间变化。变化率为 0。换句话说，速度不取决于时间，相关性为 0。

我们刚刚就完成了微积分计算！

微积分探讨的是，建立关系以表示一种事物如何随着其他事物的变化而变化。此处，我们思考的是速度如何随时间变化而变化。

我们有一个数学方式来表达这种关系。

$$\frac{\delta s}{\delta t} = 0$$

这些是什么符号？可以将这个符号的意思视为“当时间改变时，速度如何变化”或“s 如何与 t 相关”。

因此，这个表达式说的是速度不随时间变化，这是数学家使用的一种简洁的方式。或者换一种说法，随着时间的推移，速度不受影响。速度对时间的依赖性为 0。这就是表达式中 0 所表示的意思。它们完全是不相关的。

事实上，当你再次观察速度的表达式 s=30 时，你可以发现这种不相关性。在这个表示式中，一点都没提到时间。也就是说，在这个表达式中，没有隐藏的时间 t。因此，我们不需要做任何复杂的微积分来计算出 $\partial s / \partial t = 0$，只要简单地观察表达式就可以得出这个结论。数学家称之为“观察法”。

如 $\partial s / \partial t$ 的表达式，解释了变化率，称为导数。就我们的目的而言，我们不需要知道这点，然而你可能会在其他地方遇到这个词。

现在，如果我们踩下油门，让我们看看会发生什么。这真是太令人兴奋了！

A.2 一条斜线

试想一下，相同的汽车以 30 英里每小时的速度前进。我们轻轻踩下油门，车子加速。我们一直踩住油门，观察仪表盘上的标度，每 30 秒记录一次速度。

在 30 秒后，汽车以 35 英里每小时的速度前进。在 1 分钟后，汽车以 40 英里每小时的速度前进。在 90 秒后，汽车以 45 英里每小时的速度前进。在 2 分钟后，汽车的速度达到了 50 英里每小时。汽车的加速度为每分 10 英里每小时。

下表总结了相同的信息。

时间 / 分	速度 / (英里 / 小时)
0.0	30
0.5	35
1.0	40
1.5	45
2.0	50
2.5	55
3.0	60

让我们再次将其可视化。

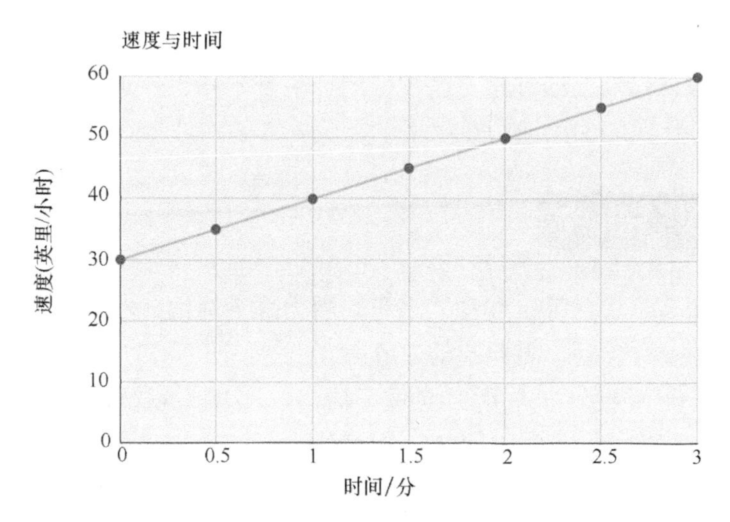

你可以看到，汽车的速度以恒定速率从30英里每小时一路攀升到60英里每小时。由于每半分的速度增量是相同的，因此速度随时间变化的图像是一条直线，可以看到这一速率。

什么是速度的表达式？在时间0，速度为30。在此之后，速度每分钟增加10英里每小时。因此，速度的表示式如下所示。

$$speed = 30 + (10 * time)$$

或者使用符号表示如下：

$$s = 30 + 10t$$

在这里，可以看到常数30。而且还可以看到（10×t），这意味着每分钟增加10英里每小时。你很快就会意识到，10是我们所绘制直线的斜率。请记住，直线的一般形式为$y = ax + b$，其中a是斜率或梯度。

那么，速度随时间变化的表达式是什么样的呢？嗯，我们已经讨论到这个问题了，速度每分钟增加10英里每小时。

$$\frac{\delta s}{\delta t} = 10$$

这个表达式说的是，由于$\partial s/\partial t$不为0，速度和时间之间的确存在着相关性。

请记住，直线$y = ax + b$的斜率是a，我们通过“观察法”，可以知道

$s = 30 + 10t$ 的斜率为 10。

做得好！我们已经讨论了微积分的许多基础知识，这些知识一点也不难。现在，让我们加大油门！

A.3 一条曲线

想象一下，我从静止起动了汽车，用力踩下油门，不松开油门。由于我们一开始没有移动，因此起动速度为 0。

试想一下，我们非常用力地踩下油门，汽车不以恒定的速率增加速度。相反，汽车更快地提高速度。这意味着，它每分钟不是提高 10 英里每小时，而是随着踩下油门时间增加，汽车加速度本身也增加了。

对于这个例子，想象一下，我们每分钟测量一次速度，如下表所列。

时间 / 分	速度（英里 / 小时）
0	0
1	1
2	4
3	9
4	16
5	25
6	36
7	49
8	64

如果你仔细观察可以发现，我选择让速度为时间（分钟）的平方。即，在时间为 2 分钟时，速度为 $2^2 = 4$；在时间为 3 分钟时，速度为 $3^2=9$；在时间为 4 分钟时，速度为 $4^2 = 16$；依此类推。

现在，这个表达式也很容易写出来了。

$$s = t^2$$

虽然我知道示例的汽车速度是有意为之的，但是这非常好地阐述我们如何进行微积分计算。

让我们将这个表达式可视化，这样，我们就可以感觉到，速度如何随时间的变化而变化。

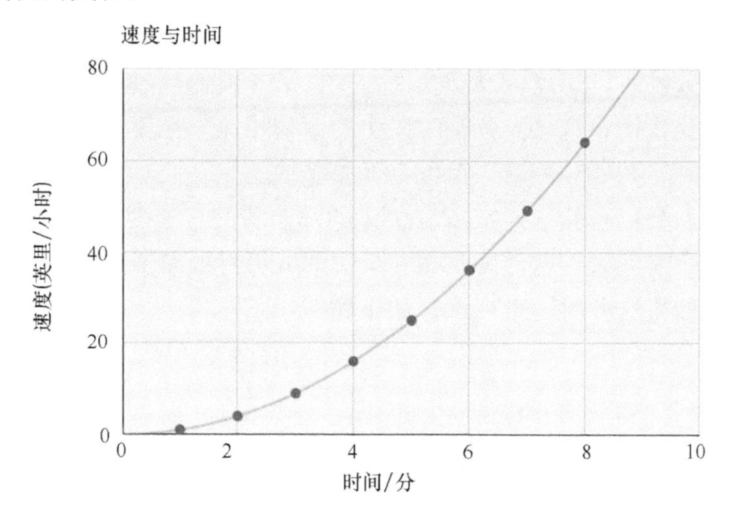

可以看到速度的变化越来越快。当前，这幅图已经不是一条直线了。可以想象一下，速度爆炸式地快速增加到非常大的数字。在20分钟时，速度将达到400英里每小时；在100分钟时，速度将达到10000英里每小时！

一个有趣的问题是——相对于时间，速度的变化率是什么样的？也就是说，速度如何随时间的变化而变化？

这与在特定时间点实际速度是多少的问题不一样。我们已经有了表达式 $s = t^2$，因此已经知道这个值了。

我们要问的是——在任何时间点，速度的变化率是多少？在这个示例中，这句话的意思是图线向何处弯曲？

如果回想一下前面的两个例子，可以发现，变化率是速度关于时间的曲线的斜率。当汽车以恒定30英里每小时的速度前进时，速度并未改变，因此变化率为0。当汽车稳步加快时，速度的变化率是每分钟10英里每小时。在任何时间点，每分钟10英里每小时都是正确的。在时间2分钟的时候，变化率为每分钟10英里每小时。在4分钟时，在100分钟时，这都是正确的。

在曲线图中，我们可以应用相同的思路吗？当然可以——但是，此处，让我们慢慢理解这一点。

A.4 手绘微积分

让我们仔细看看，在时间等于 3 分钟时，发生了什么。

在 3 分钟时，速度为 9 英里每小时。我们知道，在 3 分钟后速度将变得更快。让我们将这与 6 分钟时发生的事情相比。在第 6 分钟，速度为 36 英里每小时。在 6 分钟后，速度会变得更快。

但是，我们也知道，在 6 分钟后的那一瞬间，速度增加的速率比 3 分钟后的那一瞬间大。这是发生在 3 分钟和 6 分钟处事情的真正区别。

让我们将这种对比可视化，如下图所示。

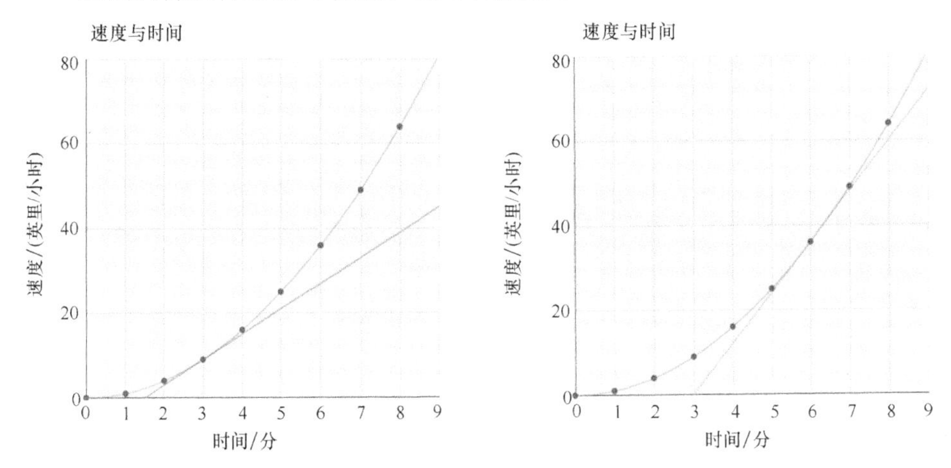

可以看到，在 6 分钟处的斜率比在 3 分钟处的斜率要大。斜率就是我们希望得到的变化率。这是一个重要的体会，让我们再说一遍。在曲线任何点处的变化率，就是曲线在该点的斜率。

但是，如何测量曲线的斜率呢？对于直线而言，测量斜率非常容易，对于曲线而言，可以画出称为切线的直线，切线要尽可能与曲线中某一点处的斜率相同，这样就可以根据切线的斜率估计出曲线在这一点的斜率。事实上，在其他测量方法出现之前，这就是人们测量曲线斜率的方式。

为了让读者体会一下这种做法，我们就试试这个粗略的方法。下图显示了速度曲线图，在 6 分钟时，我们得到了与速度曲线仅有一个交点的切线。

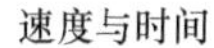

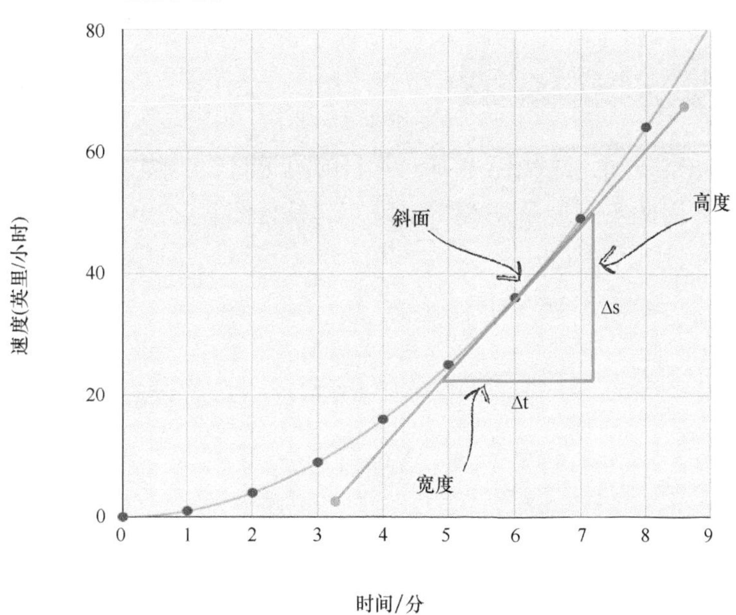

从中学数学中我们知道，要计算出斜率或梯度，需要将斜面的高度除以宽度。在上图中，高度（速度）为 Δs，宽度（时间）为 Δt。符号 Δ 称为“增量”，也就是一个微小的变化。因此 Δt 就是 t 的一个小变化。

斜率为 Δs/Δt。对于斜面，可以选择任何尺寸的三角形，用尺子测量高度和宽度。根据我的测量结果，恰好得到了一个 Δs 为 9.6、Δt 为 0.8 的三角形。因此，所得的斜率如下：

$$\text{某一点的变化率} = \text{某一点的斜率}$$

$$= \frac{\Delta s}{\Delta t}$$

$$= 9.6 / 0.8$$

$$= 12.0$$

我们得到了一个重要的结果！在 6 分钟时，速度变化率为每分钟 12.0 英里每小时。

你应该明白，靠着一把尺子，尽其所能，甚至尝试用手画切线，结果也不会特别准确。因此，让我们把事情变得稍微复杂一点。

A.5 非手绘微积分

仔细观察下图，这幅图中有一条新的标记直线。这条直线与曲线相交于两点上，因此不是一条切线。但是，这条直线看起来以某种方式围绕着时间点 3 分钟这个中心。

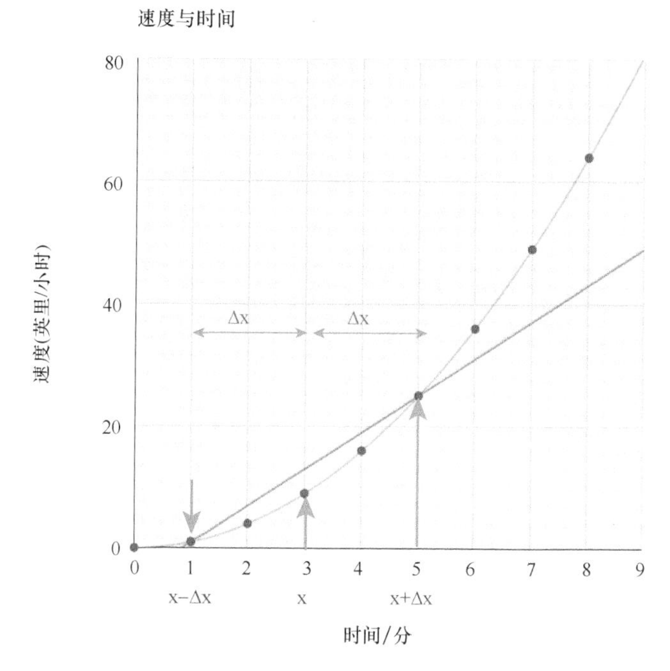

事实上，这条直线与时间点 3 分钟有联系。我们所选择的时间点是，我们所感兴趣的时间点 t = 3 分钟的上下几分。此处，我们选择了在 t = 3 分钟时间点的上下 2 分钟处，也就是，t = 1 分钟和 t = 5 分钟。

使用数学符号表示，我们可以说 Δx 为 2 分钟。我们选择的时间点为 x- Δx 和 x+ Δx。请记住，符号 Δ 只是意味着一个“小小的改变”，因此 Δx 是在 x 坐标上的小小改变。

为什么这样做呢？读者很快就会明白了，我们先吊吊读者的胃口。

如果观察在时间点 x- Δx 和 x+ Δx 处的速度，在这两点之间画一条直线，那么就会得到一条直线，其斜率大致与中间点 x 切线的斜率相同。再次观察上图，看看那条直线。当然，这条直线与在 x 处切线的真正斜率不是完全相同，但是我们会修正这一点的。

让我们计算出这条直线的梯度（斜率）。与之前使用的方法一样，我们将斜面的高度除以宽度得到梯度。下图更清晰显示了斜面的高度和宽度。

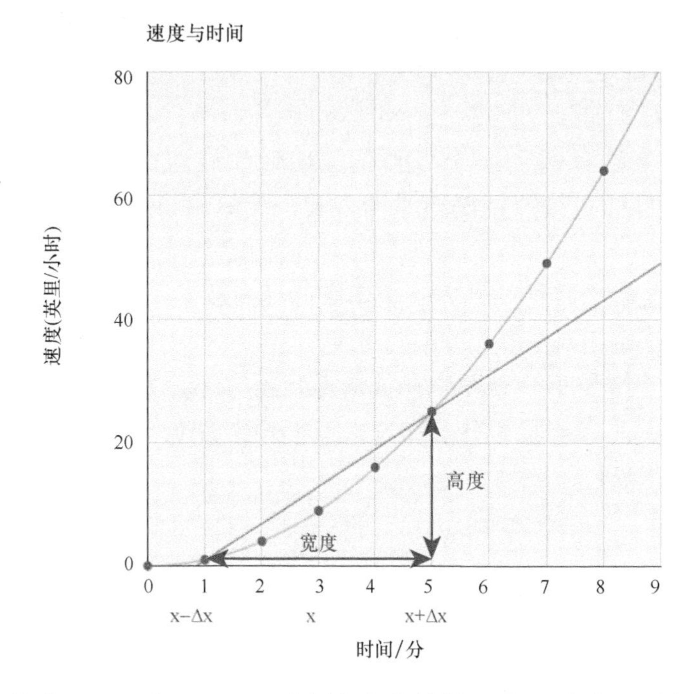

高度是在 x- Δ x 和 x + Δ x 两点处速度的差，也即是在 1 分钟和 5 分钟时两个速度之间的差。我们知道，在这两点处，速度分别为 $1^2 = 1$ 和 $5^2 = 25$ 英里每小时，因此速度的差值为 24。宽度非常容易计算，就是 x− Δ x 和 x+ Δ x 之间的距离，也就是 1 和 5 之间的距离，即 4。因此，我们得到：

$$梯度 = \frac{高度}{宽度}$$

$$= 24 / 4$$

$$= 6$$

直线的梯度与在 t = 3 分处切线的梯度近似，为每分钟 6 英里每小时。

让我们暂停一下，回顾一下已经完成的事情。首先，我们试图使用手绘切线，计算出曲线的斜率。这种方法永远不会准确，由于我们是人类，会厌倦、无聊和犯错误，因此不能一再使用这种方法。下一种方法不需要手绘切线，而是要按照某种方法创建一条不同的直线，这条直线的斜率与正确的斜率大致相同。第二种方法可以使用计算机自动完成，由于不需要人的工作，因而可以多次进行，并且速度非常快。

这已经很不错了，但是还是不够好！

第二种方法只得到一个近似值。如何改进这个值，使其变得准确呢？我们的目标是按照精确数学的方式，计算出事情如何改变，得到梯度值。

这是发生神奇事情的地方！数学家已经发展了一种非常轻巧犀利的工具，并且从这个工具中获得了许多乐趣。

如果将宽度变小，会发生什么情况？用另一种方式来表达，也就是，如果让 Δx 变小，会发生什么情况？下图详细说明了当 Δx 逐渐变小时，所得到的若干逼近线或坡度线。

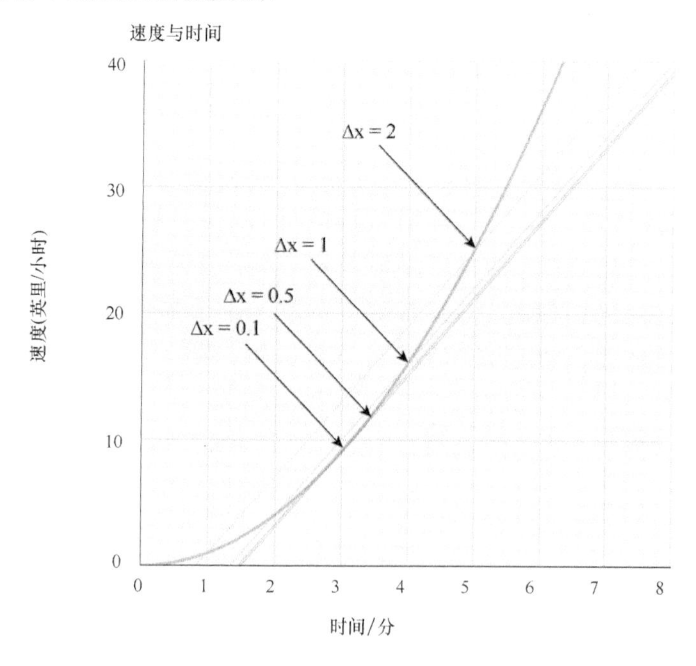

我们已经绘制出了 $\Delta x = 2.0$、$\Delta x = 1.0$、$\Delta x = 0.5$ 和 $\Delta x = 0.1$ 的直线。

你可以看到，直线越来越接近我们所感兴趣的点，3 分钟处的点。你可以想象一下，当我们不断减小 Δx 的值，直线将越来越接近 3 分钟处的真正切线。

当 Δx 变得无限小时，直线无限接近真实的切线。这真是太酷啦！

通过让偏差变得越来越小，改进近似值，逼近解，这种想法简直太强大了。数学家曲径通幽，求解出难以正面求解的问题。这有点像从侧面悄悄逼近，而不是从正面进攻。

A.6 无需绘制图表的微积分

我们前面说过，微积分探讨的是以精确的数学方式，理解事物如何变化。让我们来看看，我们是否能够将这种逐步缩小 Δx 的想法应用到定义这些事物的数学表达式中——如汽车速度曲线。

我们知道速度是时间的函数，即 $s = t^2$。我们希望知道作为时间的函数，速度是如何变化的。当绘制关于 t 的曲线时，我们已经看到这是 s 的斜率。

变化率 $\partial s / \partial t$ 等于我们所构造直线的高度除以宽度，但是，其中 Δx 无限小。

高度是什么？正如我们先前看到的，这是 $(t + \Delta x)^2 - (t - \Delta x)^2$。也就是根据公式 $s = t^2$，其中 t 为所感兴趣的点上下偏移 Δx，算出对应的 s，相减得到。

宽度是什么？正如我们先前所看到的，简单说来，这只是 (t + Δx) 和 (t - Δx) 之间的距离，也就是 2Δx。

我们就快到达目标了，

$$\frac{\delta s}{\delta t} = \frac{\text{高度}}{\text{宽度}}$$

$$= \frac{(t + \Delta x)^2 - (t - \Delta x)^2}{2\Delta x}$$

让我们展开并简化表达式

$$\frac{\delta s}{\delta t} = \frac{t^2 + \Delta x^2 + 2t\Delta x - t^2 - \Delta x^2 + 2t\Delta x}{2\Delta x}$$

$$= \frac{4t\Delta x}{2\Delta x}$$

$$\frac{\delta s}{\delta t} = 2t$$

实际上，我们很幸运，代数本身已经简化得非常灵巧了。

我们已经到达目标了！在数学上，精确的变化率为 $\partial s / \partial t = 2t$。这意味着，对于任何时间 t，我们知道速度的变化率为 $\partial s / \partial t = 2t$。

在 $t = 3$ 分钟处，我们有 $\partial s / \partial t = 2t = 6$。在使用近似方法之前，我们事实上确认过这个值。在 $t = 6$ 分钟处，$\partial s / \partial t = 2t = 12$，这非常准确地符合了我们之前发现的值。

在 $t= 100$ 分钟处，这个值是多少呢？$\partial s / \partial t = 2t =$ 每分钟 200 英里每小时。这意味着，在 100 分钟后，汽车的加速度达到每分钟 200 英里每小时。

让我们花点时间，思考一下，刚才做的事情有多么的重要，多么的酷炫！我们得到了一个数学表达式，这个表达式允许我们精确地知道，在任何一个时间点汽车速度的变化率。根据先前的讨论，我们可以发现变化率确实随着时间而定。

我们很幸运，代数简化得很精巧，但是简单的 $s = t^2$ 并没有给我们一个尝试的机会，让我们能够有目的地缩小 Δx。因此，试一试另一个示例，在这个示例中，汽车的速度有点复杂。

$$s = t^2 + 2t$$

$$\frac{\delta s}{\delta t} = \frac{高度}{宽度}$$

现在，高度是什么呢？这是在 $t+\Delta x$ 处和 $t-\Delta x$ 处所计算得到的 s 的差。

即，高度为（t+Δx）^{2}+2（t+Δx）-（t-Δx）^{2}- 2（t-Δx）。

宽度是什么？这就是（t+Δx）和（t-Δx）之间的距离，依然为2Δx。

$$\frac{\delta s}{\delta t} = \frac{(t+\Delta x)^2 + 2(t+\Delta x) - (t-\Delta x)^2 - 2(t-\Delta x)}{2\Delta x}$$

展开并简化表达式

$$\frac{\delta s}{\delta t} = \frac{t^2 + \Delta x^2 + 2t\Delta x + 2t + 2\Delta x - t^2 - \Delta x^2 + 2t\Delta x - 2t + 2\Delta x}{2\Delta x}$$

$$= \frac{4t\Delta x + 4\Delta x}{2\Delta x}$$

$$\frac{\delta s}{\delta t} = 2t + 2$$

这是一个重要的结果！可悲的是，代数再次将其简化得有一点太过容易了。这里有一个稍后将谈到的模式，因此，我们不费吹灰之力就得到了结果。

让我们尝试另一个示例，这个示例不会太过复杂。我们将汽车的速度设置为时间的三次方。

$$s = t^3$$

$$\frac{\delta s}{\delta t} = \frac{\text{高度}}{\text{宽度}}$$

$$\frac{\delta s}{\delta t} = \frac{(t+\Delta x)^3 - (t-\Delta x)^3}{2\Delta x}$$

展开并简化表达式

$$\frac{\delta s}{\delta t} = \frac{t^3 + 3t^2\Delta x + 3t\Delta x^2 + \Delta x^3 - t^3 + 3t^2\Delta x - 3t\Delta x^2 + \Delta x^3}{2\Delta x}$$

$$= \frac{6t^2\Delta x + 2\Delta x^3}{2\Delta x}$$

$$\frac{\delta s}{\delta t} = 3t^2 + \Delta x^2$$

现在，事情变得更有趣了！我们得到了一个结果，这个结果中包含了 Δx，而在之前，表达式中的 Δx 都互相抵消了。

那么，请记住，只有 Δx 越来越小，变得无限小时，梯度值才正确。

这是最酷炫的地方！当 Δx 越来越小的时候，在表达式 $\partial s / \partial t = 3t^2 + \Delta x^2$ 中的 Δx 会发生什么事情呢？它消失了！如果这听起来令你吃惊，那么请将 Δx 想象为非常小非常小的一个值。你可以尝试想到一个较小的一个值，然后是一个更小的值……你可以一直这样找下去，使得 Δx 越来越接近于 0。因此，就让我们直接将它当为 0，避免这所有的麻烦。

这就得到了一直在寻找的数学上的精确答案：

$$\frac{\delta s}{\delta t} = 3t^2$$

这是一个奇妙的结果，这次，我们使用强大的数学工具来进行微积分，并且这一点都不困难。

A.7 模式

我们使用 deltas 值（如 Δx），将 deltas 值越变越小时，观察发生的事情，计算导数，而乐在其中的是我们可以直接计算导数而无需进行所有这些工作。

看看计算得到的导数，是否能够观察到任何模式：

$$s = t^2 \longrightarrow \frac{\delta s}{\delta t} = 2t$$

$$s = t^2 + 2t \longrightarrow \frac{\delta s}{\delta t} = 2t + 2$$

$$s = t^3 \longrightarrow \frac{\delta s}{\delta t} = 3t^2$$

可以看到，t 的函数的导数，除了 t 的幂减少了 1，其余是相同的。因此 t^4 变为了 t^3，t^7 成为 t^6，以此类推。这相当容易！ t 就是 t^1，因此，t 的导数为 t^0 即为 1。

由于常数，如 3，4，5（常数变量，我们可能称之为 a，b，c），都没有变化率，因此常数就简单地消失了。这就是称它们为常量的原因。

但是，等等，请注意，t^2 成为 2t 而不是 t，t^3 成为 $3t^2$ 不是 t^2。这里还有一步，在幂指数减小之前，幂指数被用作了乘数。因此，在 $2t^5$ 的幂指数减 1 之前，幂指数 5 要作为乘数，从而 $5 \times 2t^4 = 10t^4$。

下面总结了在进行微积分运算时，使用的这种幂规则。

$$y = ax^n \longrightarrow \frac{\delta y}{\delta x} = nax^{n-1}$$

让我们在更多的例子中尝试，实践这一新技术。

$$s = t^5 \longrightarrow \frac{\delta s}{\delta t} = 5t^4$$

$$s = 6t^6 + 9t + 4 \longrightarrow \frac{\delta s}{\delta t} = 36t^5 + 9$$

$$s = t^3 + c \longrightarrow \frac{\delta s}{\delta t} = 3t^2$$

因此，这条规则允许进行大量的微分运算，对于大多数用途而言，这就是我们所需的微分。这条规则只适用于多项式，也就是使用各种变量的幂次方组成的表达式，如 $y = ax^3 + bx^2 + cx + d$，但是不包括 $\sin x$ 或 $\cos x$ 这样的式子。由于使用幂规则进行微积分运算有着大量的用途，因此这不算是一个很大的缺陷。

然而，对于神经网络而言，我们确实需要一个额外的工具，我们将在下一节中讨论这个工具。

A.8 函数的函数

想象一下，一个函数

$$f = y^2$$

其中 y 本身也是函数

$$y = x^3 + x$$

如果我们愿意，我们也可以写为 $f=（x^3+x）^2$。

f 如何随着 y 的改变而改变？也就是，$\partial f / \partial y$ 是什么？只要应用刚刚得到的幂规则，乘上幂指数，幂指数减 1，那么这个计算就很容易了，可以得到 $\partial f / \partial y = 2y$。

还有一个有趣的问题——f 如何随着 x 的变化而变化呢？可以展开表

达式$f=(x^3+x)^2$，然后应用相同的规则。不能不加思索地硬套规则，将$(x^3+x)^2$变为$2(x^3+x)$。

如果像以前一样，采用逐渐减小的 delta 方式，通过漫长艰难的道路，解出了这个表达式，我们会意外发现这里存在着另一组模式。让我们直接跳到答案吧。

这个模式是这样的：

$$\frac{\delta f}{\delta x} = \frac{\delta f}{\delta y} \cdot \frac{\delta y}{\delta x}$$

这是一个非常重要的结果，我们称之为链式法则。

可以看到，这个模式允许我们逐层计算出导数，就像剥洋葱，将复合的层一层一层解开。为了计算 $\partial f / \partial x$，我们可能发现，先计算出 $\partial f / \partial y$，然后再计算出 $\partial y / \partial x$，这会比较容易一些。如果这些都比较容易，那么我们就可以对看起来不可能的表达式进行微积分运算。链式法则允许我们打破问题，将问题分割为较小、较容易的问题。

再次观察这个示例，应用链式法则：

$$f = y^2 \text{ and } y = x^3 + x$$

$$\frac{\delta f}{\delta x} = \frac{\delta f}{\delta y} \cdot \frac{\delta y}{\delta x}$$

现在，计算得到了比较简单的项。第一项是$(\partial f / \partial y) = 2y$，第二项是$(\partial y / \partial x) = 3x^2 + 1$。然后，使用链式法则，将这些项结合起来，我们得到：

$$\frac{\delta f}{\delta x} = (2y) * (3x^2 + 1)$$

我们知道，$y = x^3 + x$，因此，得到了只有 x 的表达式：

$$\frac{\delta f}{\delta x} = (2(x^3+x))*(3x^2+1)$$

$$\frac{\delta f}{\delta x} = (2x^3+2x)(3x^2+1)$$

这真是见证神奇的一刻！

你可能会质疑为什么这样做，为什么不能首先根据 x 展开 f，然后应用简单的幂规则，对所得到的多项式进行微积分运算。当然能这样做，但是如果这样的话，就不能详细说明链式法则，而链式法则可以解决许多比较困难的问题。

让我们来看看最后一个例子，这个示例演示了如何处理多个独立变量。

如果得到一个函数

$$f = 2xy + 3x^2z + 4z$$

其中 x、y 和 z 是彼此无关的变量。我们说的无关是什么意思呢？我们的意思是，x、y 和 z 可以为任意值，并且无需关心其他变量的取值——它们彼此之间不互相影响。这不同于前一个示例 $y=x^3+x$，在这种情况下，y 与 x 相关。

$\partial f/\partial x$ 是多少？让我们看看这个长表达式的每项。第一项是 $2xy$，因此导数为 $2y$。为什么这么简单呢？由于 y 与 x 无关，因此非常简单。当我们说 $\partial f/\partial x$，我们说的是，当 x 变化时，f 如何变化。如果 y 与 x 无关，那么可以将其视为常数。即 y 也可能是如 2、3、10 的另一个数。

让我们继续，下一项是 $3x^2z$。可以应用幂规则，得到 $2\times3xz$ 或 $6xz$。由于 x 与 z 无关，因此我们将 z 视为如 2、4 或者 100 这样无聊的常数。z 的变化不会影响到 x。

最后一项是 $4z$，这项中不存在 x。由于我们将其视为如 2 或 4 的普通常数，因此这项完全消失了。

最后的答案是

$$\frac{\delta f}{\delta x} = 2y + 6xz$$

在最后一个示例中，重要的一点是你要有信心，忽略已知的无关变量。这使得对相当复杂的表达式进行微积分运算变得非常简单。在观察神经网络的时候，我们非常需要这种深刻的见解。

你可以进行微积分运算了！

如果走到了这一步，那么你真是太棒了！

你真正理解了微积分的真谛，明白了如何使用逼进，一步一步地改善，直到最终引入了微积分。在其他困难的问题上，如果难以使用正常的方法求解，那么你可以尝试使用这些方法求解。

我们学习了幂规则和链式法则这两种技术，从而能够进行大量的微积分运算，包括理解神经网络的工作机制和原理。

享受你的新力量吧！

附录B　使用树莓派来工作

在这个附录中，我们的目标是在树莓派上安装设置IPython。这样做有若干理由：

- 比起昂贵的笔记本电脑，树莓派物美价廉，更多的人用得起。
- 树莓派非常开放，它们运行在自由、开源的Linux操作系统上，同时还有许多自由开源的软件，包括Python。为了共享你的工作，允许其他人在你的工作上建立自己软件，理解事物如何工作非常重要，开源很重要。教育应该教会学生学习事物如何工作，制作出自己的产品，而不是教学生购买闭源的专有软件。
- 由于种种原因，无论是在学校，还是在家中，无论是编写软件，还是构建硬件工程，学习计算机的孩子们都非常欢迎树莓派。
- 树莓派没有昂贵的计算机和笔记本电脑那样强大。由此，证明了在树莓派上，你仍然使用Python实现有实际用途的神经网络，这是一个有趣以及有价值的挑战。

由于树莓派Zero比起普通的树莓派要小、要便宜，因此我选用树莓派Zero，让神经网络在这样的计算机上运行，这种挑战更有价值！这台计算机的费用约4英镑或者5美元。

这是我的树莓派Zero，旁边是一枚2便士硬币。树莓派Zero真是太微小了！

B.1 安装 IPython

我们假设你已经有了一台通电启动的树莓派，有键盘、鼠标、显示器以及可访问的互联网。

虽然有若干种操作系统可供选择，但是我们坚持使用最流行操作系统，也就是得到官方支持的 Raspian，它是基于广受欢迎的 Linux 发行版 Debian 而设计的可以在树莓派上很好地运行的版本。树莓派可能已经自带安装了这个系统。如果你的树莓派还未安装这个系统，可以根据官方网站链接上的指导安装这个系统。如果你没有信心安装操作系统，甚至可以购买已经安装了这个系统的 SD 存储卡。

当启动树莓派时，你应该看到如下的桌面。由于桌面的背景图片有一点让人分心，因此我删除了桌面的背景图片。

可以清楚看到左上角的菜单按钮，并且顶部还有一些快捷按钮。

我们将安装 IPython，这样我们就可以通过 Web 浏览器与相对友好的交互式 Notebook 一同工作，而无需担心源代码文件和命令行。

为了安装 IPython，我们确实需要使用命令行工作，但是只需要这样做一次，做法非常简单容易。

打开终端应用程序，也就是在顶上看起来像黑色显示器的快捷图标。如果将鼠标悬停在该图标快捷方式上，计算机会告诉你这是终端（Terminal）。当运行这个终端时，会看到一个黑框框，在这个黑框框中可以键入命令，看起来就像这样。

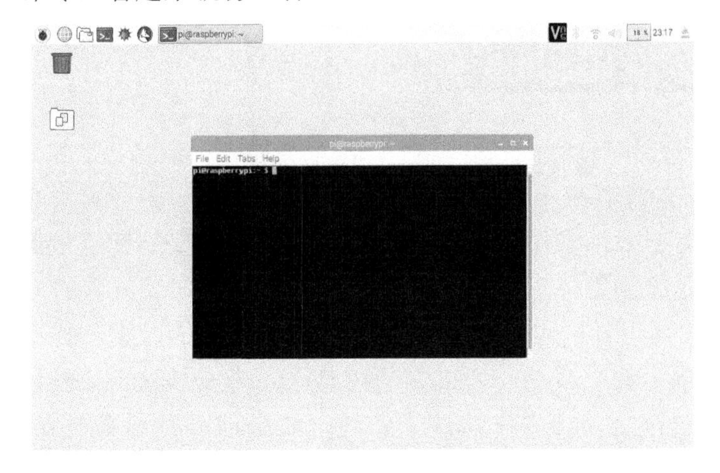

你的树莓派考虑得非常周全，不会允许普通用户执行会深刻改变系统的命令。如果你必须获得特殊的权限，在终端键入以下命令：

```
sudo su -
```

你会看到提示符是井号“#”。以前是美元符号“$”。# 号表示你已经拥有了特权，现在，你对所输入的内容应该小心一点。

下面的命令刷新了树莓派当前的软件列表，更新已经安装的软件，如果计算机需要，会引入任何额外的软件。

```
apt-get update
apt-get dist-upgrade
```

除非你最近已经更新了软件，否则有些软件很可能需要升级。你会看到很多文本飞过。你可以放心地忽略这些文本。计算机可能会提示你按下

“y”键确认更新。

现在，树莓派已经焕然一新了，请输入命令安装 IPython 吧！请注意，在写本书的时候，Raspian 软件包还未包含足够新的 IPython 版本，能够与我们先前创建、上传到 GitHub 供任何人浏览和下载的神经网络程序所使用的 Notebook 版本相互兼容。否则的话，我们可以简单地输入“apt-get install ipython3 ipython3-notebook”或类似的指令。

如果你不希望运行来自 GitHub 的这些后缀名为 ipynb 的 Notebook 文件，也可以愉快地使用来自树莓派软件库中稍微有点旧的 IPython 和 Notebook 版本。

如果确实希望运行新近的 IPython 和 Notebook 软件，需要使用“pip”指令，加上“apt-get”指令，从 Python Package Index 处获得新近的软件。不同之处在于，软件由 Python（pip）管理，而不是由操作系统软件管理器（APT）管理。输入以下命令，可以得到所需要的一切。

```
apt-get install python3-matplotlib
apt-get install python3-scipy

pip3 install jupyter
```

闪过一些文字后，这项工作就完成了。工作的速度取决于特定的树莓派型号以及互联网连接速度。下图是在进行这项工作时，我的计算机的屏幕截图。

树莓派通常使用的存储卡称为 SD 卡，就像数码相机中使用的 SD 卡

一样。它们没有普通计算机那么大的空间。输入以下指令，清理为了更新树莓派而下载的软件包。

```
apt-get clean
```

最新版本的 Raspian 使用 Chromium（流行的 Chrome 浏览器的开源版本）来代替 Epiphany 网页浏览器。比起笨重的 Chromium，Epiphany 轻巧得多，并且可以很好地与微小树莓派 Zero 一同工作。要将 Epiphany 设置为默认浏览器以用于稍后的 IPython Notebook 文件，请输入以下命令：

```
update-alternatives --config x-www-browser
```

这条命令会告诉你，当前默认的浏览器是什么，并且如果你愿意，可以设置一个新的浏览器。选择与 Epiphany 相关的数字，你就完成设置了。

就这样了，任务完成。为了防止计算机做出底层的改变（例如，改变树莓派的核心，如内核更新等），请重新启动树莓派。可以通过从左上角的主菜单中选择“Shutdown...”选项，然后选择“Reboot”，来重启树莓派，如下图所示。

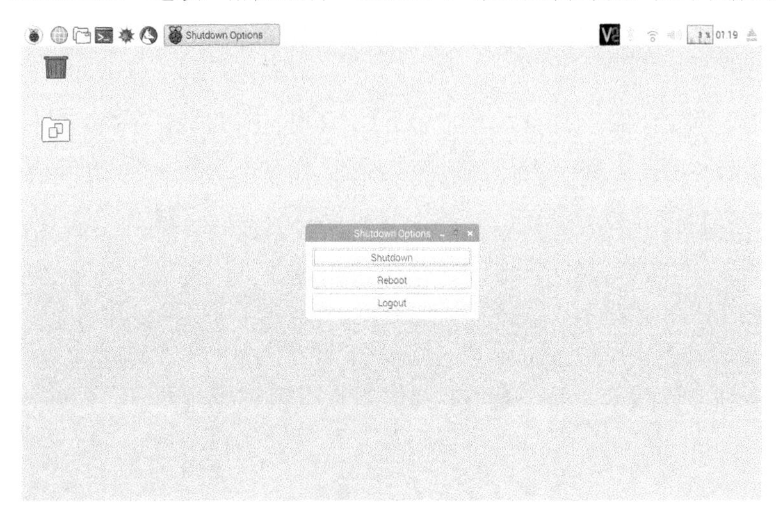

在树莓派再次启动后，从终端输入以下命令以启动 IPython：

```
jupyter-notebook
```

这将自动启动 Web 浏览器，并显示 IPython 主页，从这个主页中，我们可以创建新的 IPython Notebook 文件。Jupyter 是运行 Notebook 文件的新软件。

以前，可能会使用命令“ipython3 notebook”，在过渡期间，这条命令继续可用。以下显示了 IPython 的起始页。

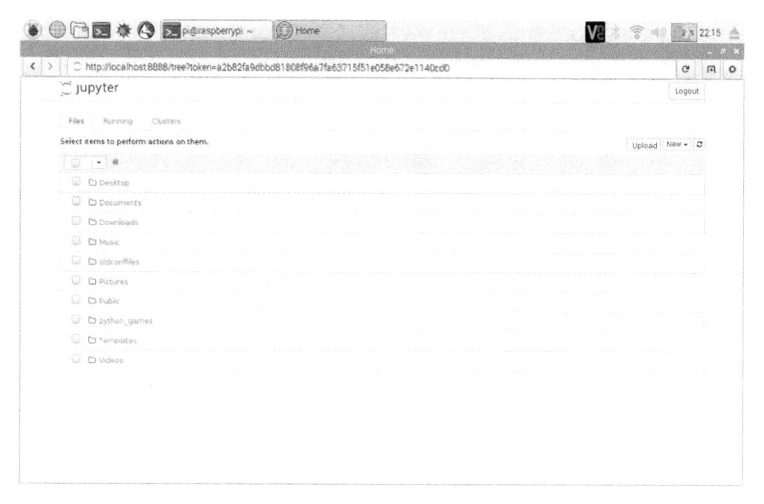

这真是太棒了！我们在树莓派上启动并运行了 IPython。

你可以进行正常操作，创建 IPython Notebook 文件，我们将演示在本书中开发的代码确实可以运行。从 GitHub 网站获取手写数字的 MNIST 数据集和 Notebook 文件。在新的浏览器选项卡上，输入以下链接：

- https://github.com/makeyourownneuralnetwork/makeyourownneuralnetwork

你会看到 GitHub 的项目页面，如下图所示。点击右上角的“Clone or download”之后，点击“Download ZIP”，获取文件。

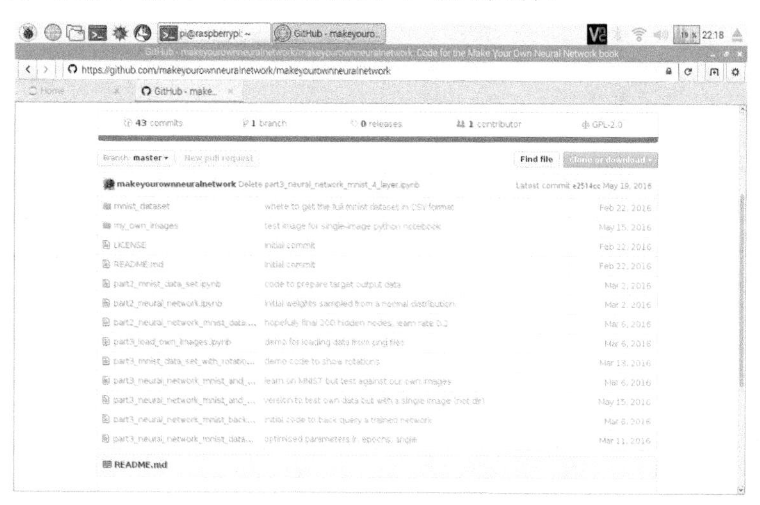

如果 GitHub 与 Epiphany 不能很好地兼容，那么在浏览器中输入以下链接来下载文件：

- https://github.com/makeyourownneuralnetwork/makeyourownneuralnetwork/archive/master.zip

下载完成时，浏览器会告诉你。打开一个新的终端，输入下列命令，解压缩文件，然后删除压缩包，清空空间。

```
unzip Downloads/makeyourownneuralnetwork-master.zip
rm -f Downloads/makeyourownneuralnetwork-master.zip
```

将文件解压到名为 makeyourownneuralnetwork-master 的目录中。也可以将该目录重命名为简短的名字，但这不是必需的。

由于 GitHub 网站不允许非常大的文件存在，因此只包含了较小版本的 MNIST 数据。为了获得全套数据，在同一终端输入以下命令，导航到 mnist_dataset 目录，然后以 CSV 格式获得完整的训练数据集和测试数据集。

```
cd makeyourownneuralnetwork-master/mnist_dataset
wget -c http://pjreddie.com/media/files/mnist_train.csv
wget -c http://pjreddie.com/media/files/mnist_test.csv
```

下载所需的时间取决于你的网络连接和树莓派的具体型号。

现在，你已经得到了所需要的 IPython 的 Notebook 文件和 MNIST 数据，请关闭终端，但是不要关闭启动 IPython 的那个终端。

回到显示了 IPython 起始页面的网页浏览器，现在，在列表中，可以看到新文件夹 makeyourownneuralnetwork-master。点击进入此文件夹，就像在任何其他计算机上一样，可以打开任何一个 Notebook 文件。下图显示了在这个文件夹中的 Notebook 文件。

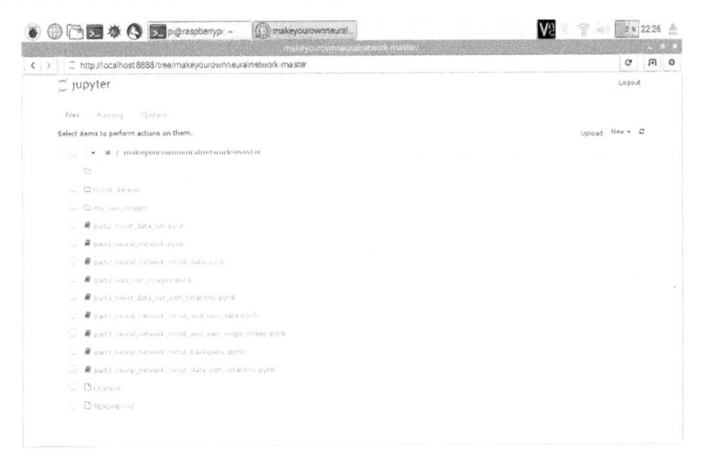

B.2 确保各项工作正常进行

在训练和测试神经网络之前，首先来检查各个项，比如读取文件、显示图像等，是否能够正常工作。让我们打开名为“part3_mnist_data_set_with_rotations.ipynb”的 Notebook 文件，这个文件能够执行这些任务。应该可以看到 Notebook 文件已经打开并准备就绪，如下图所示。

从“Cell”菜单中选择“Run All”，运行 Notebook 文件中的所有指令。比起现代的笔记本电脑，树莓派会运行得更长一些，一段时间后，应该可以得到一些旋转数字的图片。

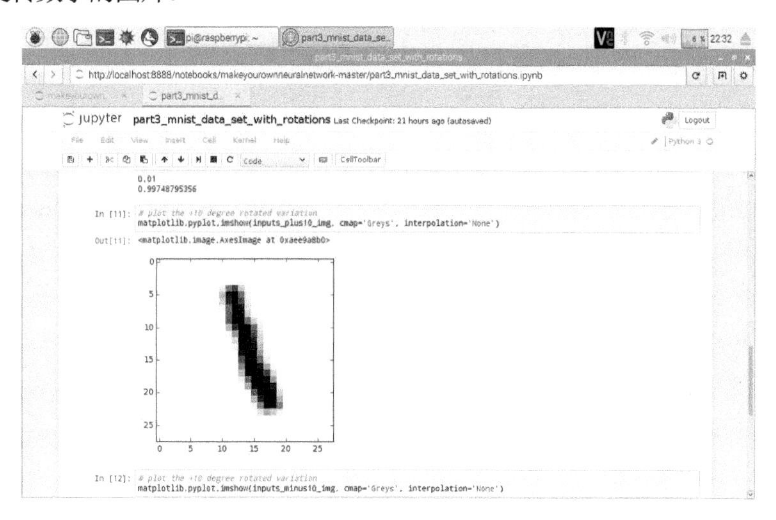

这表明这几项事情都可以顺利工作，包括从文件中加载数据，以及为了能让数组和图像工作并绘制图形而导入 Python 扩展模块。

现在，让我们从文件菜单中“Close and Halt”，关闭 Notebook 文件，而不是直接关闭浏览器选项卡。

B.3 训练和测试神经网络

现在，让我们试着训练神经网络。打开名为“part2_neural_network_mnist_data”的 Notebook 文件。这个版本的程序非常基本，不能执行旋转图片这样复杂的事情。由于树莓派比一般的笔记本电脑要慢得多，因此我们会关闭一些参数，减少所需的计算量，这样可以及时发现代码是否能够工作，而无需浪费时间，或直到最后才发现代码无法工作。

我已经将隐藏节点的数量减少为 10，世代的数目减少为 1。仍然使用完整的 MNIST 训练和测试数据集，而不是先前创建的相对较小的子集。从“Cell”菜单点击“Run All”，让程序运行。然后就等着……

通常情况下，我的笔记本电脑要花费大约 1 分的时间，但是树莓派 Zero 需要 25 分钟才运行完这个程序。考虑到树莓派 Zero 的成本只有笔记本电脑的大约 1/400，这不算太慢了。我原本以为要花上一夜的时间。

B.4 树莓派成功了

我们刚刚已经证明，即使使用售价 4 英镑或 5 美元的树莓派 Zero，仍然能够完全使用 IPython Notebook 创建代码、训练和测试神经网络——它只不过是运行得慢了点。

社区里还有什么？

购买图书和电子书

异步社区上线图书2000余种，电子书近千种，部分新书实现纸书、电子书同步上市。您可以方便地下单购买纸质图书或电子图书，纸质图书直接从人民邮电出版社书库发货，电子书提供epub、mobi、PDF和在线阅读四种格式。社区还独家提供购买纸质书可以同时获取这本书的e读版电子书的服务模式。

会员制服务

成为异步VIP会员后，能够畅学社区内标有VIP标识的会员商品，包括e读版电子、专栏和精选视频课程。社区内的全文搜索功能，可以帮助您快速定位想要学习的知识点。

入驻作译者

很多图书的作译者已经入驻社区，您可以关注他们，咨询技术问题。可以阅读不断更新的技术文章，听作译者和编辑畅聊图书背后的有趣故事。还可以参与社区的作者访谈栏目，向您关注的作者提出采访题目。

加入异步

社区网址：www.epubit.com
投稿＆咨询：contact @epubi t.com.cn
扫描任意二维码都能找到我们

异步社区

微信公众号

官方微博